# 江苏省绿色生态城区发展报告

DEVELOPMENT REPORT OF JIANGSU GREEN ECOLOGICAL CITY

江苏省住房和城乡建设厅
江苏省住房和城乡建设厅科技发展中心 编

中国建筑工业出版社

**图书在版编目（CIP）数据**

江苏省绿色生态城区发展报告 / 江苏省住房和城乡建设厅，江苏省住房和城乡建设厅科技发展中心编. — 北京：中国建筑工业出版社，2018.4

ISBN 978-7-112-21972-8

Ⅰ. ①江… Ⅱ. ①江… ②江… Ⅲ. ①生态城市 — 城市建设 — 研究报告 — 江苏 — 2010-2015 Ⅳ. ① X321.253

中国版本图书馆CIP数据核字（2018）第050123号

2016年7月，江苏省委全会对我省城市发展明确了新目标、新要求。要打造发展充满活力、环境美丽宜居、文化富有特色、社会和谐文明的现代化城市目标，坚持规划引领、建管并重；坚持民生优先、安全便利；坚持集约节约、绿色低碳；坚持因地制宜、特色发展。同时也为“十三五”期间，绿色生态的发展指明了方向。

本书是关于江苏省绿色生态城区的第一次梳理分析，所有数据均来源于全省58个绿色生态城区的第一手调研研究资料（数据截至2015年年底）。本书可供研究生态城市建设的管理人员、相关政府人员参考使用。

责任编辑：朱晓瑜　王华月
责任校对：焦　乐

**江苏省绿色生态城区发展报告**
DEVELOPMENT REPORT OF JIANGSU GREEN ECOLOGICAL CITY

江 苏 省 住 房 和 城 乡 建 设 厅
江苏省住房和城乡建设厅科技发展中心　编

*

中国建筑工业出版社出版、发行（北京海淀三里河路9号）
各地新华书店、建筑书店经销
北京京点图文设计有限公司制版
天津图文方嘉印刷有限公司印刷

*

开本：787 × 1092毫米　1/16　印张：9¼　字数：165千字
2018年7月第一版　2018年7月第一次印刷
定价：89.00 元
ISBN 978-7-112-21972-8
（31868）

# 本书编写人员


| | | | |
|---|---|---|---|
| 周　岚 | 顾小平 | 刘大威 | 孙晓文 |
| 唐宏彬 | 王然良 | 韦伯军 | 王登云 |

（以下按姓氏笔画为序）

| | | | |
|---|---|---|---|
| 丁　杰 | 王富平 | 吕伟娅 | 刘　晋 |
| 刘奕彪 | 朱文运 | 吴大江 | 祝一波 |
| 李湘琳 | 张　赟 | 陈振乾 | 陆振波 |
| 杨　玥 | 查　翔 | 姚　辉 | 秦颖荣 |
| 曹　静 | 黄献明 | 栗　铁 | 龚延风 |
| 夏　伟 | 潘黛岱 | 薛　峰 | |

# 前 言

城市是经济社会发展和人民生产生活的重要载体，是现代文明的标识，是创新要素集聚与发展的关键载体。随着经济的不断发展和人民生活水平的不断提高，人们对“绿色”的城市生活空间的要求越来越迫切。2015 年 12 月，时隔 37 年后，国家再次召开中央城市工作会议。习近平总书记在会议上深刻分析了当前我国城市发展中存在的十大突出问题，强调要转变城市发展方式，着力解决城市病等突出问题，建设和谐宜居、富有活力、各具特色的现代化城市，提高新型城镇化水平。

江苏是中国经济社会先发地区，城镇化水平比全国高出十多个百分点，但人口密集、城镇密集、经济密集，人均资源少、环境约束大，高速的经济增长和快速的城镇化进程导致资源环境的约束日益趋紧，矛盾日益突出，成为限制江苏可持续发展的重大瓶颈。近年来，江苏把生态文明作为建设“强富美高新江苏”的重要抓手，以培育强大的转型发展和绿色发展新动力。江苏积极推进绿色发展，建设生态城市，在建筑节能和绿色建筑、节约型城乡建设、生态城区等方面开展了大量的工作，取得了积极的进展。

早在 2010 年，江苏便率先开展绿色生态城区规划实践，以绿色建筑示范区为抓手，以推进绿色建筑规模化发展、实践节约型城乡建设工作为指导思想，探索生态文明创建浪潮下绿色生态城区规划建设模式和运营管理机制，打造了一批绿色生态的实践典范，为我省绿色建筑全面普及打下基础，为绿色生态城市建设提供经验和依据，为新型城镇化建设树立样板工程。“十二五”期间，江苏省绿色生态城区已实现 13 个设区市全覆盖，累计设立各类项目 58 个，其中 16 个绿色建筑示范城市（区、县）、5 个绿色建筑和生态城区区域集成示范区，以及 37 个建筑节能和绿色建筑示范区，规划面积近 2.5 万 $km^2$，开工建设绿色建筑近 1 亿 $m^2$，区域生态环境明显改善，生态、经济、社会效益显著。2015 年 7 月，全国首部绿色建筑地方性法规《江苏省绿色建筑发展条例》正式出台，标志着我省绿色建筑工作发展走上了法制化轨道。

2016 年 7 月，江苏省委全会对我省城市发展明确了新目标、新要求。要打造发展充满活力、环境美丽宜居、文化富有特色、社会和谐文明的现代化城市目标，坚持规划引领、建管并重；坚持民生优先、安全便利；坚持集约节约、绿色低碳；坚持因地制宜、特色发展。同时也为“十三五”期间，绿色生态的发展指明了方向。

本书是我们关于江苏省绿色生态城区的第一次梳理分析，所有数据均来源于全省 58 个绿色生态城区的第一手调研资料。“报告”在编写过程中，得到了各地绿色生态城区规划建设等部门和相关专家学者的大力支持，在此向所有参与报告编写的人员，表示诚挚的感谢！限于时间和水平，难免有不当之处，敬请读者朋友不吝赐教。本报告将根据大家的反馈在今后的编写中不断完善。期待报告能够引起社会各界更多的关注与共鸣，共同促进江苏省的绿色发展。

《江苏省绿色生态城区发展报告》编制组<br>2018 年 4 月

# 目 录

## 1 江苏省绿色生态城区发展概述



## 2 江苏省绿色生态城区总体成效



## 3 江苏省绿色生态城区建设成效

# 1 江苏省绿色生态城区发展概述

十八大报告中提出，要“全面落实经济建设、政治建设、文化建设、社会建设、生态文明建设‘五位一体’总体布局”，努力建设美丽中国，实现可持续发展。江苏省经济社会发展文明程度高，能源资源总量匮乏，人均水资源储量、人居煤炭资源储量、人均可采石油储量分别为全国平均水平的 1/5、2/3、1/12，能源自给率低，80% 的煤炭和 90% 的石油需要依靠省外输入（图 1-1）。在此背景下，江苏省绿色生态城区建设从整体发展出发，紧抓不同时期关键问题和重点目标，统筹审视资源和环境之间的关系，从发展模式的转变上寻求解决问题的根本对策。

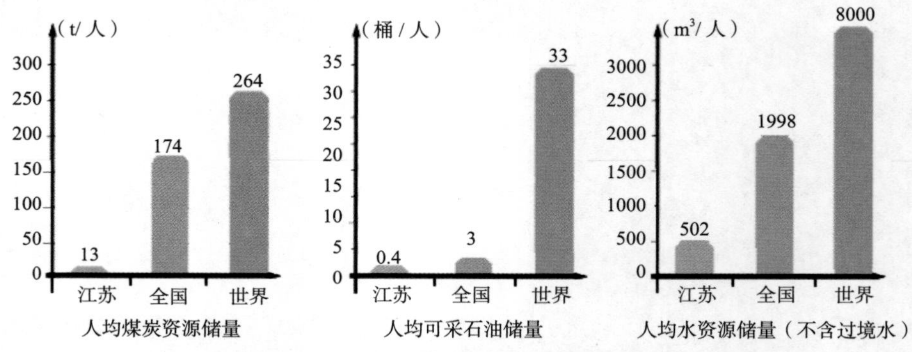


**图 1-1 江苏、全国、世界人均资源储量对比图**

## 1.1 集聚效应：小规模尺度示范区的实践探索

2008 年，江苏设立省级节能减排（建筑节能）专项引导资金，用于支持建筑节能和绿色建筑示范推广。在建筑节能和绿色建筑工作取得良好效果的基础上，江苏的绿色生态发展理念逐步升级，认为绿色追求应有系统探索，需要从建筑单体向区域融合发展、从单项技术运用向综合技术集成发展（图 1-2）。

从 2010 年开始，江苏省以小规模尺度的“绿色建筑示范区”为抓手，在“几平方公里到十几平方公里的城市区域内”启动绿色生态技术集成运用示范，通过省级建筑节能专项引导资金重点倾斜，鼓励地方推进机制、模式及政策等多元创新实践，以“推动科学发展、建设美好江苏”为导向，以节约型城乡建设重点工作为抓手，以绿色建筑、建筑节能工作为重点，以省级建筑节能专项引导资金为保障，探索城市建设发展向生态文明理念转变。

示范区对项目建设规模、技术集成应用示范和节约型城乡重点工作的要求，包含了对城市空间、建筑、绿色市政设施等各方面的绿色化、生态化要求，而政策扶持和组织保障的要求是公众参与、人文关怀理念的体现，这实质是绿色生态城区建设理念在示范区范围内的探索实践。

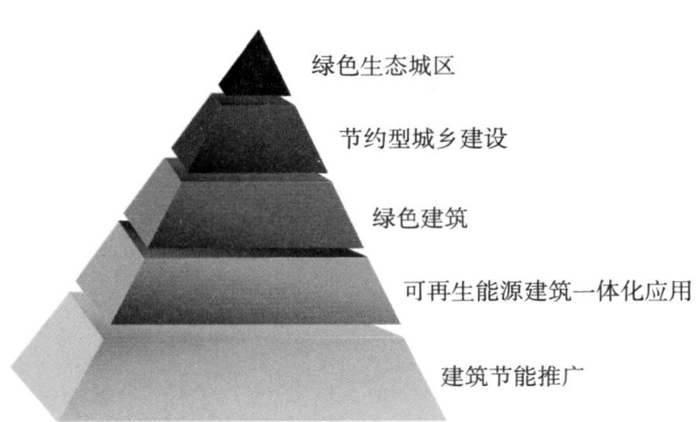


**图 1-2　江苏省绿色生态城区发展之路**

## 1.2　规模扩张：内涵与外延的全面拓宽

2012 年，组织全省建筑节能与绿色建筑示范区工作会议，总结示范区推进过程中的阶段性成果，部署安排下一步工作重点任务，标志着江苏省绿色生态城区建设的内涵与外延全面拓宽。从内涵上，更注重规模化推进绿色建筑的体制机制建设，在城乡建设中将资源节约、环境友好、生态宜居的核心理念，拓展至城乡规划、建设、管理等各个领域和环节，倡导设计、建造和管理模式的转型发展；从区域空间尺度上，示范区域拓展到行政区与县级市层面，并实现全省 13 个设区市的全覆盖。2012 年 6 月，住房和城乡建设部（武进）绿色建筑产业集聚示范区正式挂牌，计划通过引进绿色建筑产业企业、培育科研机构等措施，建成绿色建筑技术集成基地、绿色建筑产业集聚地、绿色建筑人才创新创业高地。同年 8 月，江苏无锡太湖新城成为住房和城乡建设部首批的 8 个绿色生态城区之一，无锡太湖新城定位开放式、生态型的现代化新城，计划通过建设绿色建筑示范项目和探索绿色建筑发展政策、积累技术及管理经验，建成一个建筑与人、城市与环境和谐发展的低碳生态城（图 1-3）。绿色生态城区和绿色产业集聚示范区的创建，丰富了江苏在绿色生态城市领域的探索，为明确绿色生态城市建设目标，构建绿色生态城市推进思路，提供了实践载体。

（a）

（b）

**图 1–3 无锡太湖新城实景**

（a）贡湖大道太阳能光伏电站；（b）太湖新城人工湿地

## 1.3 成效呈现：建设成效初步显现与规模化发展

2013 年，第一批省级建筑节能和绿色建筑示范区陆续通过验收评估，区域集中能源站、绿色交通公共设施、生态湿地等亮点纷呈，建设成效初步显现。同年，阶段性地提出创建绿色建筑示范城市（区、县）、绿色建筑和生态城区区域集成示范两种新类型的区域示范，旨在进一步扩大规模示范效应，在绿色生态专项规划、绿色建筑发展规划、推进绿色建筑发展和节约型城乡建设的扶持政策、体制机制创新等方面深化和细化。

针对绿色建筑示范城市（区、县），探索推动示范城市（县、区）绿色建筑规模化发展的政策机制创新及体系建立；针对绿色建筑和生态城区区域集成示范，开展创建成果的后评估、示范区运营管理研究等。

## 1.4 政策保障：法制保障下绿色生态全面实践

2013 年至今，各地从当地实际出发，以创新的思维实践绿色发展理念，探索政策体制机制创新（图 1-4）。所有省级示范区已制定部门联动的机制，通过强化过程监督，普遍形成了覆盖立项审批、规划许可、施工图审查、施工监督、竣工验收等环节的管理体系，为《江苏省绿色建筑发展条例》的起草、颁布和实施奠定了工作基础和实践经验。

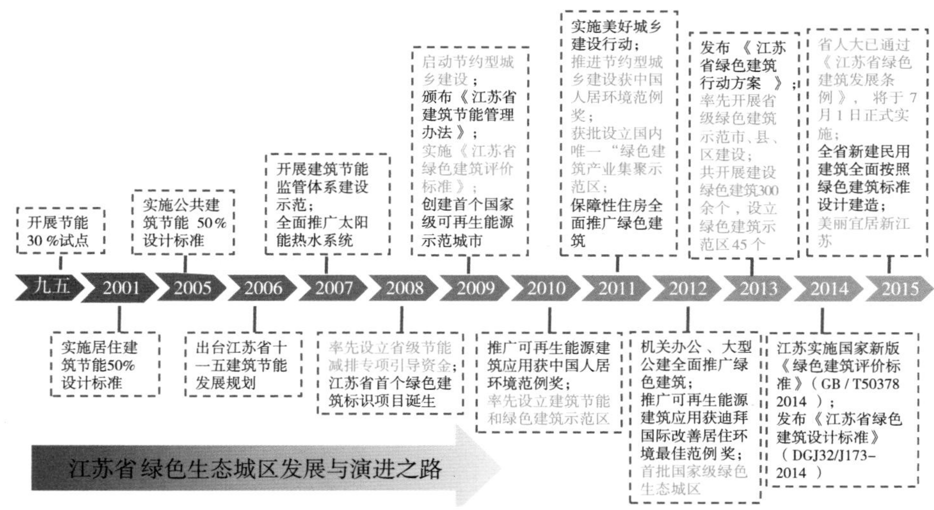


图 1–4　江苏省绿色生态城区发展与演进之路

截至 2015 年年底，江苏省共设立绿色生态城区类示范项目 58 项（图 1-5），分别为 37 个建筑节能和绿色建筑示范区、16 个绿色建筑示范城市（区、县）、5 个绿色建筑和生态城区区域集成示范区，总计将开工建设绿色建筑将超 1 亿 $m^2$，预计建成后年累计节能量约 161.2 万 t 标准煤。

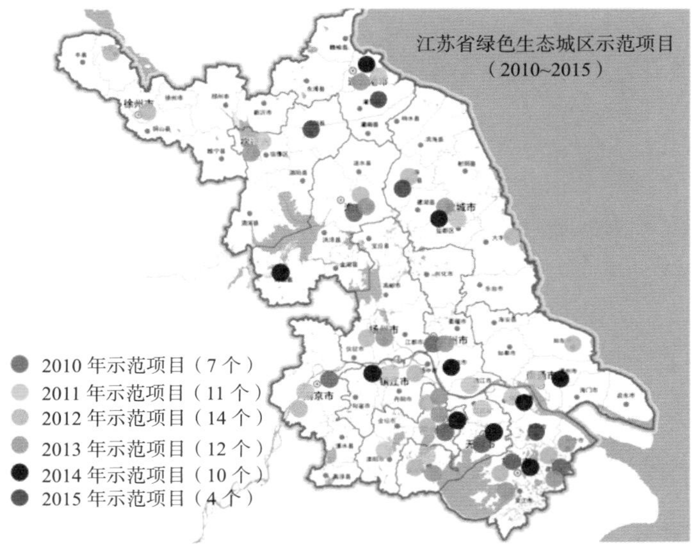


图 1–5　全省绿色建筑区域示范项目分布图

# 2



## 江苏省绿色生态城区
## 总体成效

## 2.1　建立了一套政策机制

制定了一套以绿色建筑为核心的政策体系，涵盖推动绿色建筑单体发展、绿色生态城市、既有建筑绿色改造、公共建筑节能运行管理、可再生能源规模化应用、绿色建筑全过程管理、绿色建筑标识推广、推动住宅产业化、支持绿色建筑相关产业发展、支持绿色建筑相关科技研发、明确建筑拆除管理程序、建立建筑垃圾资源化利用等在内的多项激励政策，共计约 220 多项，明确相关部门具体职责，形成上至政府管理、下至行业推动，覆盖各方面内容的政策文件管理体系（图 2-1）。

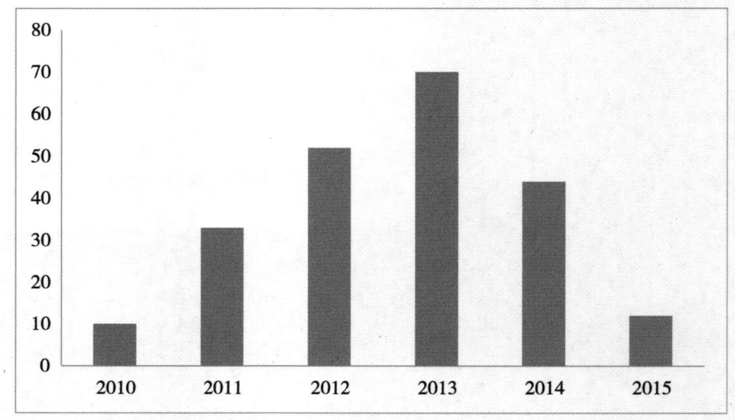


图 2–1　2010 ~ 2015 年度绿色生态城区政策文件制定情况（单位：项）

如盐城市通过市政府层面出台强制政策，明确“六个率先”：率先统一执行建筑节能 65% 标准；率先全面实施内外结合建筑保温体系，加强建筑内保温；率先高层居住建筑节能推广太阳能热水系统，应用比例不低于 60%；率先推广应用雨水收集利用系统；率先严格执行外遮阳技术措施，实行“一票否决权”；率先居住建筑地下车位应用比例按 1∶0.8~1.5 设置，全面拓展城市地下空间综合利用。

## 2.2　编制了一批专项规划

全省绿色生态城区不仅实现了控制性详细规划的全覆盖，还开展了 284 项基于绿色生态理念的专项规划编制。形成了以绿色建筑发展规划、城市建筑能源系统专项规划、城市水资源综合利用专项规划、城市绿色交通规划、城市固体废物资源化利用专项规划等为代表的绿色生态专项规划体系。

积极推进专项规划成果落地实施，以昆山花桥国际商务城（图 2-2）、苏州吴中太湖新城（图 2-3）、常州市武进区、淮安生态新城等为代表的一大批区域示范项目，已将专项规划指标体系纳入控制性详细规划中，将专项规划指标及技术方案落地实施上升为法定层面，为《江苏省绿色建筑发展条例》实施提供实践经验。

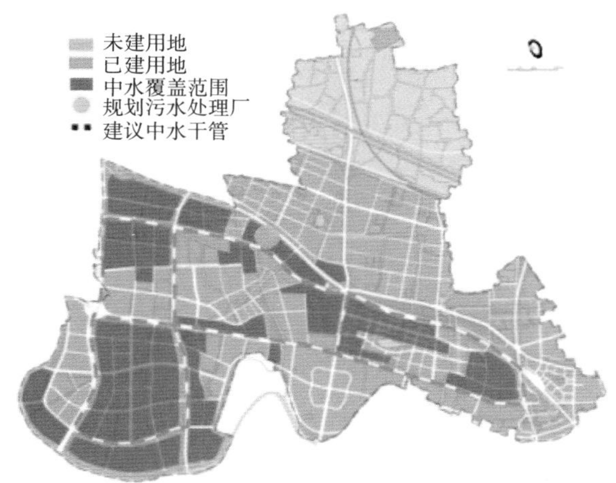


图 2–2 昆山花桥国际商务城再生水利用规划图

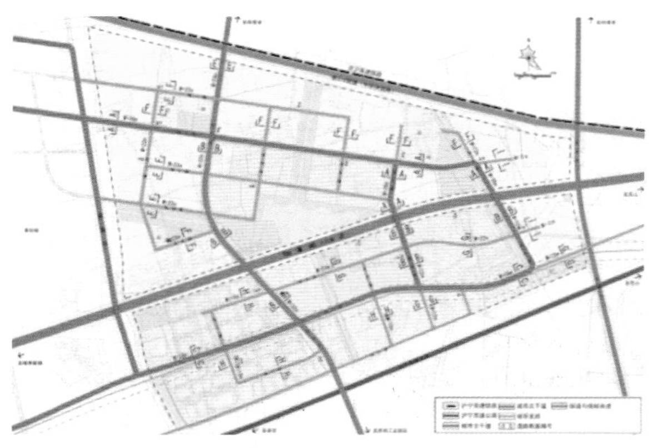

图 2–3 苏州工业园区中新生态科技城交通系统规划图

## 2.3 构建了一套支撑体系

先后开展《江苏省建筑节能和绿色建筑示范区规划建设指标体系研究》、

《江苏省建筑节能和绿色建筑示范区推进机制研究》、《江苏省建筑节能和绿色建筑示范区后评估体系》、《绿色生态城区专项规划技术导则》等多项课题研究工作，以及《江苏省绿色建筑应用技术指南》、《江苏省建筑节能和绿色建筑示范区重点技术推广目录》等指南，以研究成果推动示范区可持续发展以及成熟技术在绿色生态城区的应用。

## 2.4 建设了一批绿色惠民工程

紧扣自身功能需求和示范目标，建设一批技术集成、特色明显、效益显著的绿色生态惠民工程。如武进区建成投运建筑垃圾资源化利用基地，通过引入市场资金和采用国内外先进设备与成熟工艺等措施，实现综合转化利用率 95% 以上；常州市金融商务区通过开展在景观设计中加入滨河道路建设生物滞留系统，建设透水性铺装、雨水花园、生态草沟、生物滞留池等绿色雨水基础设施等措施，实践探索海绵城区建设；南京河西新城以青奥板块为核心，建设了有轨电车、青奥村集中能源站、生态湿地等一批具有良好示范作用的绿色生态工程。苏州工业园区、无锡新区等，以良好的园区资源整合能力为基础，建设了区域能源站、市政综合管廊、住宅全装修等特色工程；徐州新城区、沛县新城区等，以完善化的绿色生态专项规划为先导，着重在生态环境保护和修复，可再生能源利用的绿色建筑示范项目建设，城市绿色照明等方面开展了工作。江苏省常州建设高等职业技术学校以绿色校园文化创建为引领，把绿色生态校区建设和人文教育统筹于示范校区建设目标之下，建设了省内领先的绿色校区范本。昆山花桥国际商务城绿色农房改造如图 2-4 所示，盐城 BRT（快速公共交通系统）快速通道如图 2-5 所示。

图 2–4　昆山花桥国际商务城绿色农房改造

图 2–5　盐城市 BRT（快速公交系统）快速通道

## 2.5　提高了建筑绿色化发展质量

以示范区为抓手，规模化推进绿色建筑发展，截至 2015 年底全省绿色生态城区中约 600 个项目获得绿色建筑评价标识，总建筑面积约 5881.4 万 $m^2$，约占全省总量的 52%，其中二星级以上绿色建筑总面积 3459.5 万 $m^2$，占比超过 58.8%。常州凤凰谷（武进影艺宫）、莲花公园（莲花馆）等一大批项目（图 2-6~ 图 2-8）获得三星级绿色建筑标识。全省绿色建筑发展水平保持全国领先，进一步促进江苏省绿色生态城区建设，互促互进。

图 2–6　常州武进凤凰谷（武进影艺宫）、莲花公园（莲花馆）

图 2–7　苏州中恒研发中心

图 2–8 苏州建筑设计院工业厂房改造

在获得绿色建筑设计评价标识的基础上，积极推动绿色建筑运行标识，示范区域内共 40 个项目获得绿色建筑运行标识，总建筑面积约 596.8 万 $m^2$。因地制宜地探索适宜绿色建筑技术体系，推进绿色建筑向“深绿”发展。淮安生态新城、昆山花桥国际商务城争创国家级绿色园区示范工程，通过评价绿色建筑运行效果、绿色技术应用效果、区域生态环境水平等，探索绿色园区运行效果。

## 2.6 带动了绿色产业发展

推进绿色建筑发展和绿色生态城市建设，带动了绿色建筑上、中、下游各类相关产业，如绿色建筑规划、设计勘察、认证、检测、研发等科技服务业；绿色建材、节能环保设备、绿色建造等制造建造业；建筑运营管理、建筑环境管理、建筑信息化等运行过程服务业。东南大学、南京工业大学、江苏省绿色建筑工程技术研究中心、江苏省建筑科学研究院等机构已成为绿色生态城区建设的技术支撑力量。

推动绿色产业联盟发展。苏州高新区，张家港市，常州武进区等地区充分发挥辖区内绿色产业优势，整合资源，积极打造绿色产业链，引导绿色企业相互联合。绿色产业联盟的形成，积极发挥市场推动作用，大大提升了绿色环保产业的水平。

## 2.7 强化了绿色生态发展理念

2008 年起，江苏省每年举办一届绿色建筑论坛，截至 2015 年共举办了八届，论坛主题包括绿色建筑理念、绿色推进机制、绿色建筑技术、推进绿色建筑实践等。自2013年起，开始设立绿色生态城区专题分论坛，主要邀请国内外知名专家、绿色生态城区规划建设单位、相关科研机构和高校教授，共同探讨绿色生态城区的发展理念、规划建设技术体系、保障措施和运营管理等，极大提高了绿色生态城区建设发展的公众关注。

此外，通过国际交流合作，推进生态城市建设和城市可持续发展。2012年，江苏省住房和城乡建设厅与瑞典东约特兰省在促进城乡可持续发展、建设科技进步，构建经济绿色的社会和区域方面签订了谅解备忘录。2014年，省住房和城乡建设厅科技发展中心与法国环境及能源管控署在城市可持续发展、生态城市建设与更新方面签订合作协议。2016年，江苏省住房和城乡建设厅科技发展中心与德国国际合作机构签订了合作协议，共建中德合作江苏省城市领域复合型能源利用体系项目。2014年~2015年，江苏省住房和城乡建设厅与丹麦、法国、德国等国际机构共同举办了三次国际性绿色生态城区专项论坛，累计近500人参加会议（图2-9、图2-10）。论坛邀请了江苏省各地规划、建设相关部门、绿色生态城区的代表、相关科研机构、高校和企业代表，共同探讨在快速城镇化的背景下，江苏省可持续发展之路，以及绿色生态城区发展、规划、技术、运营等问题，培育全社会的绿色生态发展意识。

图2-9 丹麦女王玛格丽特二世出席江苏可持续城镇发展大会

图 2–10　2014 中法生态城市研讨会

同时，江苏省各地积极开展地方性绿色生态宣传教育主题活动。大部分绿色生态城区在当地城市规划展览馆开辟展示专区（图 2-11），定期向社会开放，宣传展示绿色建筑、生态城区的理念和技术发展。南京、苏州、盐城、武进、淮安等地新建绿色生态专题展示馆，展馆按照高星级绿色建筑设计建造，让参观人员能够亲身体验感受绿色建筑的实际效果，加深公众对于绿色建筑、生态城区的理解和认同（图 2-12）。

图 2–11　江苏省绿色建筑和生态智慧城区展示中心

图 2–12　盐城市低碳社区体验示范中心

自 2010 年江苏省率先设立绿色生态城区起，全省对于绿色建筑发展和绿色生态推进的社会关注逐年增长。2012 年住房和城乡建设部发布《“十二五”绿色建筑和绿色生态城区发展规划》，绿色生态城区成为公众关注热点，2012 年关于江苏省绿色生态城区的网络新闻报道量较 2011 年增长了 5 倍。2013 年，江苏省发布《江苏省绿色建筑行动方案》，明确提出推动全省绿色建筑区域示范、绿色建筑示范城市（县、区）发展，当年的网络新闻报道数量较 2012 年又提高了近一倍。2015 年，《江苏省绿色建筑发展条例》正式发布，明确全面推广一星级绿色建筑，全面推进绿色生态专项规划等工作，当年新闻报道数量较前一年又提高了 50%。新闻媒体、社会公众对于绿色发展的关注已成为推动绿色生态城区发展的重要内生动力。如图 2-13 所示。

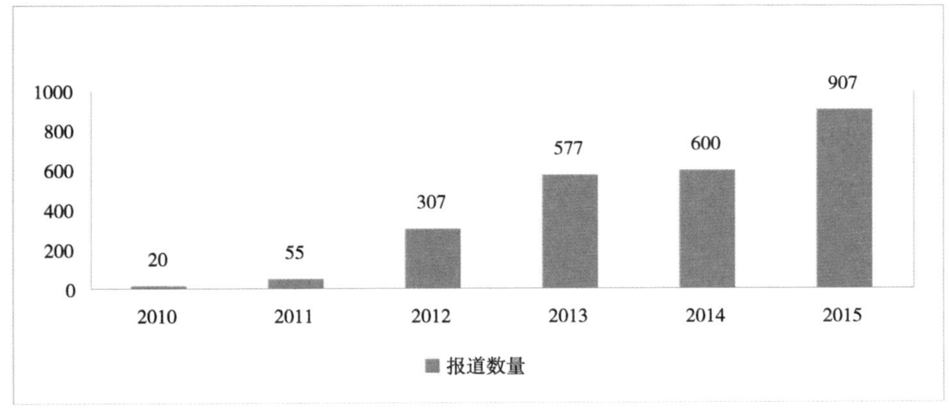


图 2–13　江苏省绿色生态城区网络新闻报道趋势图（数据来源：百度新闻搜索）

# 3



## 江苏省绿色生态城区
## 建设成效

## 3.1　绿色生态规划

江苏省绿色生态城区坚持规划引领，在制定总体战略规划的过程中，综合多系统协同的研究模式，同步开展绿色生态专项规划研究工作，各专项规划同步推进、协调发展，形成系统的绿色生态关键指标，作为城市总体规划、控制性详细规划的支撑，同时也为绿色生态城区提供技术支撑。江苏省绿色生态专项规划体系（图 3-1）主要包括：低碳（绿色）生态专项、空间复合利用专项、区域能源利用专项、水资源综合利用专项、绿色交通专项、固废资源化利用专项、生态景观专项、绿色建筑专项、绿色施工专项等。

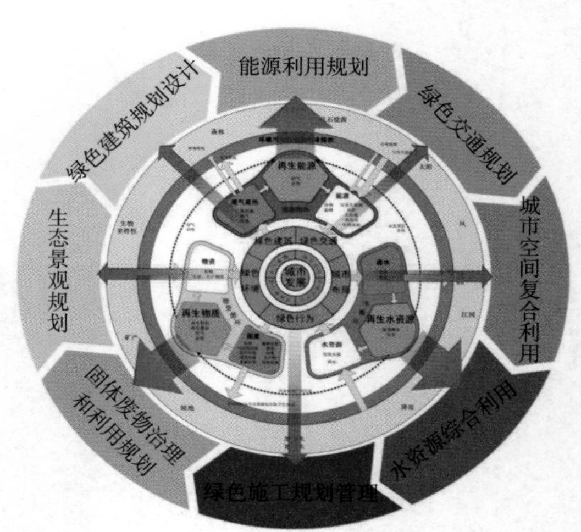


**图 3–1　江苏省绿色生态专项规划体系图**

2010 年，江苏昆山花桥绿色生态城区以创建为契机，率先开展绿色生态专项规划实践，通过专题研究完善既有的规划体系，统筹区域发展、生态建设和城市开发，以“全面协同、纳入控规、深到方案、落到项目”为工作目标，推动低碳生态理念在各个规划设计阶段贯彻落实。从理论研究角度，分析各子系统指标的可行性、可操作性和可实施性；从技术和实施角度，以专项规划形式制定绿色生态城区各子系统建设导则和实施路径；最终成果以控规图则形式落实到地块，指导地块绿色生态化开发和建设。

3.1.1　绿色生态专项规划编制

2010 ~ 2015 年期间，全省 58 个绿色生态城区累计开展 284 项绿色生态专项规划，开展最多的前四个专项分别为能源利用 54 项、水资源综合利用

50 项、绿色交通 46 项，固废综合利用 32 项，各地绿色生态城区还根据自身的发展定位有针对性地开展了如绿色生态、空间复合利用、生态景观、绿色建筑、绿色照明、绿色施工导则等专项规划，如南京河西新城结合海绵城市建设开展了绿色道路、生态堤岸设计导则研究，武进区结合产业集聚示范区创建开展了绿色建筑产业专项研究，盐城聚龙湖结合智慧城市创建开展了智慧新城专项研究。绿色生态专项规划编制总体情况统计如图 3-2 所示，绿色生态专项规划各生态城区编制情况统计如图 3-3 所示。

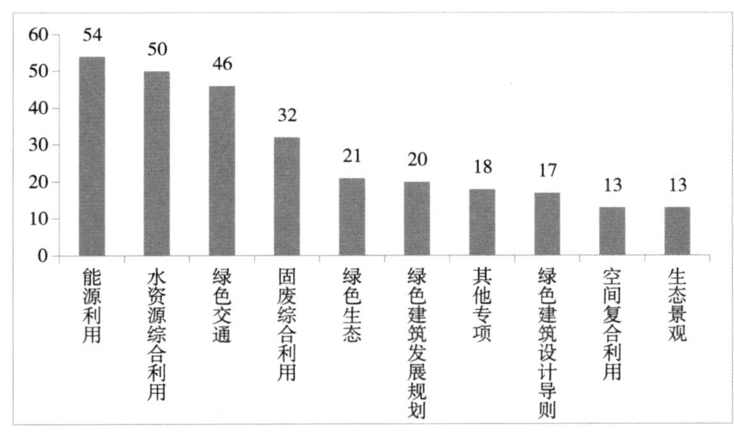


**图 3–2　绿色生态专项规划编制总体情况统计**

随着绿色专项规划体系的不断完善，规划实施成效逐步显现绿色生态专项规划越来越受到各地重视。虽然绿色生态专项规划还不是法定规划，但从五年生态城区的实践过程来看，它已成为城市绿色生态发展的重要指引。2015 年 7 月正式实施的《江苏省绿色建筑发展条例》第九条规定："县级以上地方人民政府有关部门应当组织编制本行政区域绿色建筑、能源综合利用、水资源综合利用、固体废弃物综合利用、绿色交通等专项规划，按照规定报批后实施。县级以上地方人民政府城乡规划主管部门、镇人民政府应当将前款专项规划的相关要求纳入控制性详细规划。"进一步强调了绿色生态专项规划的重要性，明确了专项规划编制和落实要求。

3.1.2　绿色生态专项规划实施保障

江苏省各地绿色生态专项规划编制以城市总体规划、控制性详细规划等上位规划为研究基础，在专项规划编制过程中发现问题并反馈到控规中，控规通过修改完善进一步支撑专项规划的科学性和完整性，指导低碳生态城区开发建设。据统计全省绿色生态城区中，有 79.3% 生态城区在总体规划中融

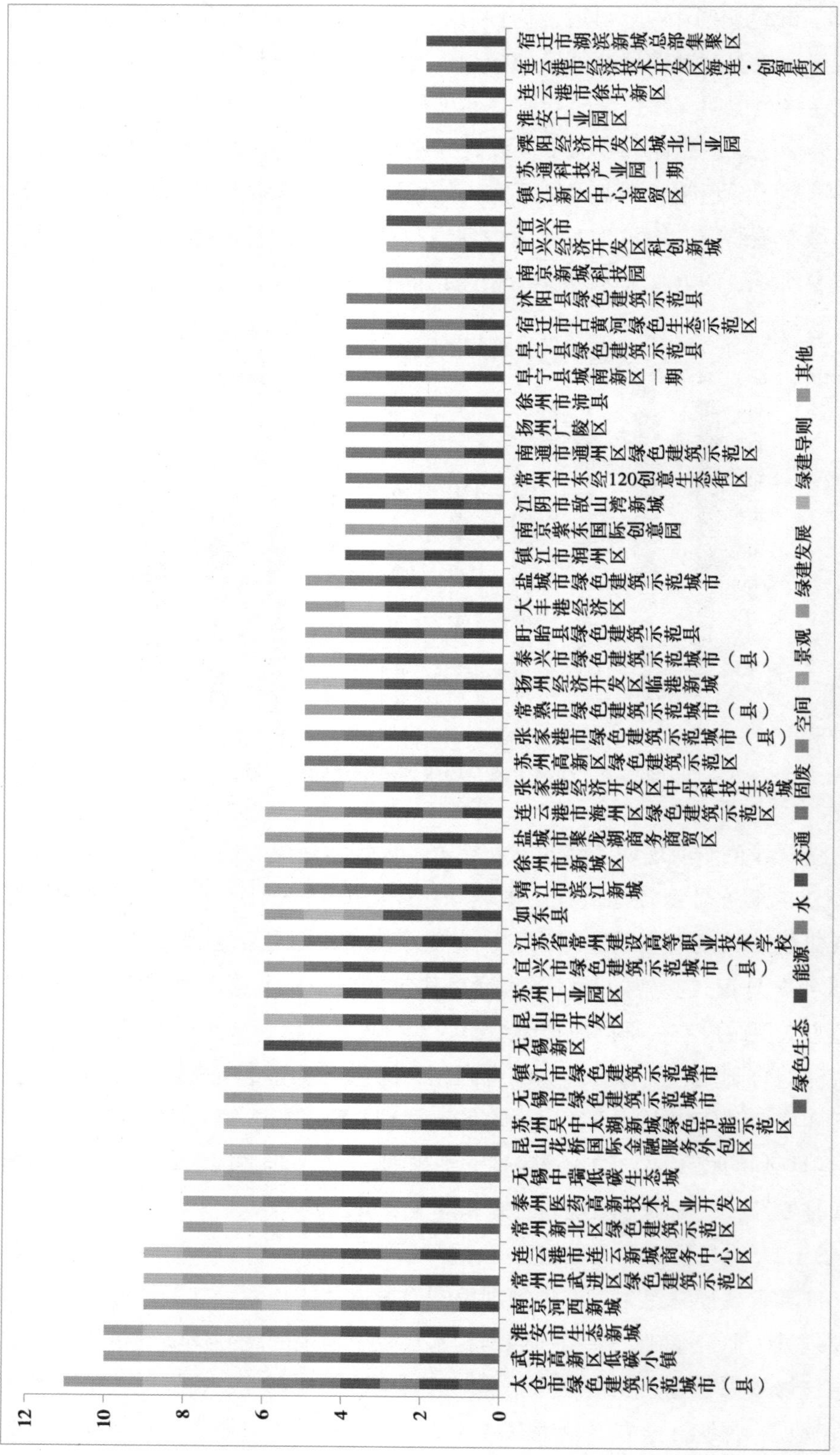

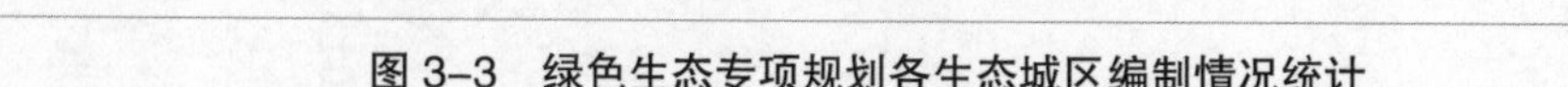


图 3–3 绿色生态专项规划各生态城区编制情况统计

入了绿色生态理念，其中苏中地区比例约 66.7%，略低于平均值。同时，已有 67.2% 生态城区在控制性详细规划中融入了部分绿色生态理念，但尚未做到所有地区都将绿色生态指标纳入控规推进实施（图 3-4）。部分绿色生态城区由于总规、控规编制时间早，或是尚未开展修编工作，绿色生态相关理念和指标有待进一步纳入法定的总规、控规中。

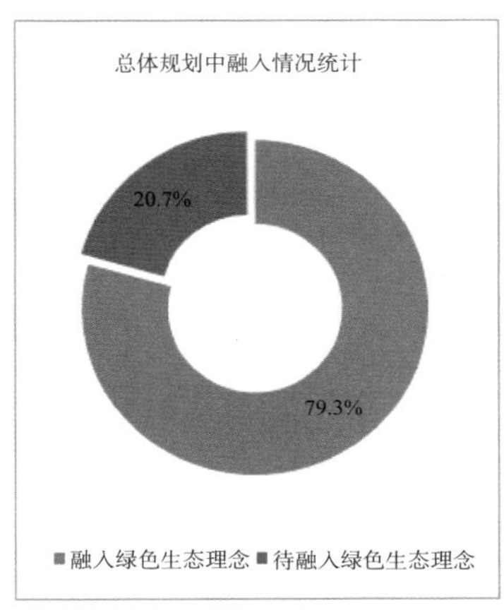


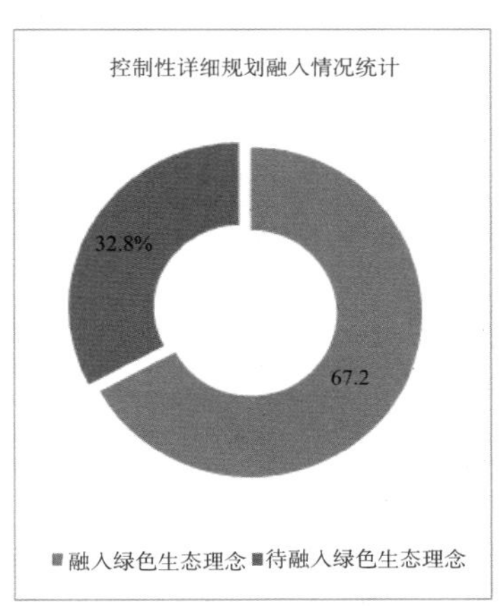


**图 3–4　总体规划、控制性详细规划绿色生态理念和指标纳入情况统计**

绿色生态专项规划的指标体系及技术方案是其主要内容，在规划实施过程中，又可细分为一级开发实施要求、二级开发实施要求、控规调整要求和非控规实施要求。规划控制要求是指通过建设规划的一级开发和二级开发就可以实现的技术指标内容，这些内容通过开发相关负责部门以及必要的审批流程即可实现。非规划控制实施要求是指在规划控制的各类实体建设目标完成基础上，辅助其他条件来实现。各地绿色生态城区通过发文实施、落实责任部门、纳入控规等具体措施，真正落实绿色生态专项规划的研究内容和指标体系。全省已有 75.9% 的绿色生态城区将绿色生态专项规划编制和实施工作落实到相关部门，主要是以住建和规划部门牵头，其他相关部门配合共同开展，保障规划的编制和落地实施。69.0% 的绿色生态城区通过市政府、规划局或建设局发文，正式实施各专项规划，其他部分地区由于规划尚未编制完成，待完成后发文实施率将达到 100%。各地通过绿色生态专项规划编制，形成了具有地区特色的指标内容，并已有 53.4% 的绿色生态城区将绿色建筑星级、可再生能源利用等相关绿色生态指标纳入控规中。其中苏南绿色生态城区纳入控规的指标内容较多。如南京河西新城将绿色建筑星级、地下空间性质及层数、可再生能源利用方式、可上人屋顶绿化面积比例 4 项指标纳入控规；太仓市将绿色建筑星级 / 绿色建筑面积比例 / 可再生能源利用 / 建筑节能率 4 项指标纳入控规；苏州吴中太湖新城将绿色建筑星级、公共交通 5min 步行可达性、热岛强度控制、建筑节能比例、建筑可再生能源利用率、再生水替代率、雨水利用率、雨水径流总量控制率、生活垃圾分类设施覆盖率等 14 项指标纳入控规。苏中、苏北的绿色生态城区则主要将绿色建筑的星级指标要求纳入控规。绿色生态专项规划落实情况统计如图 3-5 所示。

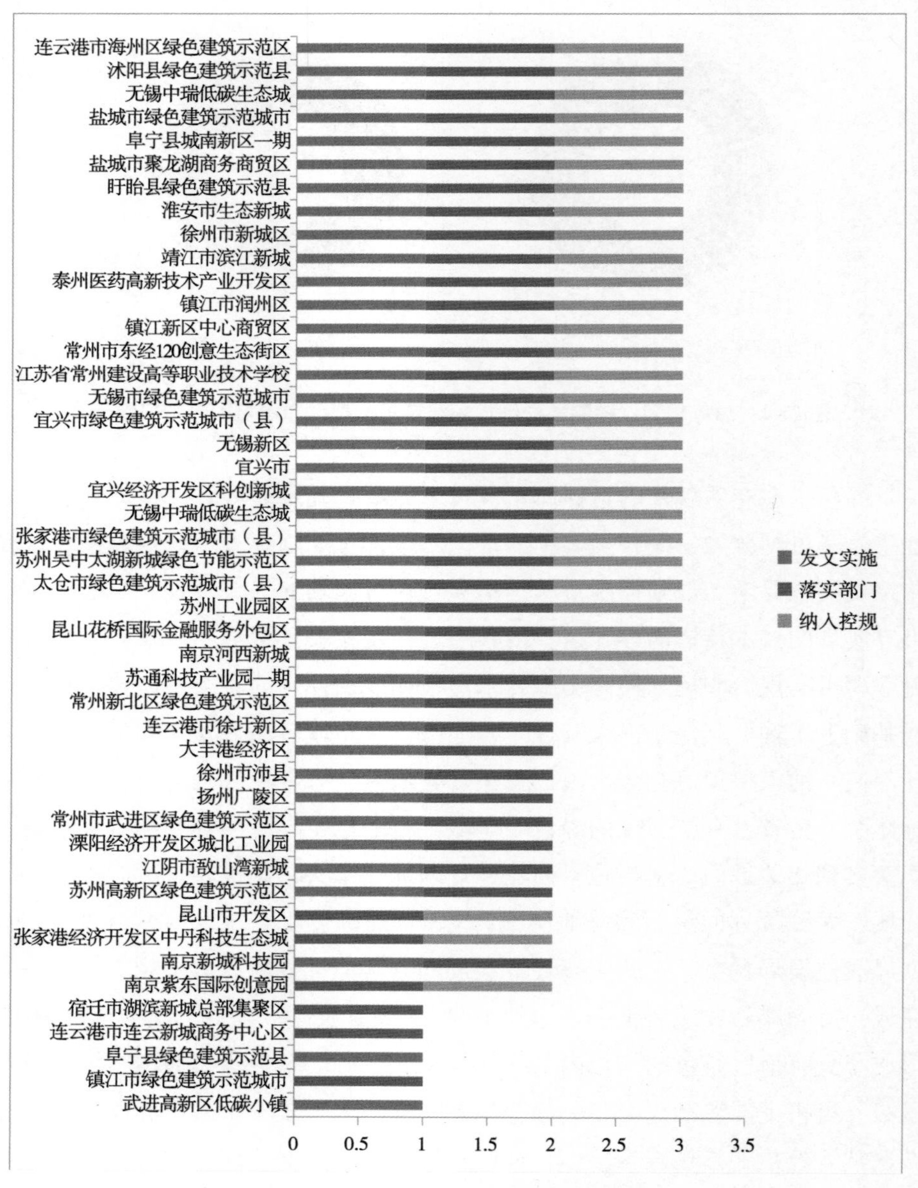


图 3–5 绿色生态专项规划落实情况统计

## 3.2 城市空间布局

江苏坚持以空间研究作为绿色生态城区发展基础，积极推动空间要素与各相关要素的有机融合。“十二五”期间，通过政策引导、国内外典型生态城市借鉴，江苏在生态城区空间布局方面开展了有针对性的规划实践，主要包括土地利用与布局、空间可达性和地下空间开发利用三方面。

2009 年江苏省政府办公厅转发的《江苏省住房和城乡建设厅关于推进节约型城乡建设工作意见的通知》（苏政办发 [2009]128 号）文中率先提出，将城市空间复合利用、综合管廊建设作为节约型城乡建设的十项重点工作，同时明确提升土地利用能效，积极推动地下空间综合利用，推进城市综合管廊建设，提高城市空间利用率。2010 年省住房城乡建设厅在《关于加强地下空间规划和管理工作的通知》中提出各地要加快推进城市地下空间规划和实施管理。2011 年省委办公厅 省政府办公厅印发《全省美好城乡建设行动实施方案》的通知，进一步明确了节约型城乡建设的工作要求以及考核办法。2014 年，中共江苏省委、江苏省人民政府印发《江苏省新型城镇化与城乡发展一体化规划（2014~2020）》，提出优化城市空间结构和管理格局，强化城市空间集约高效利用，明确到 2020 年全省人均建设用地指标≤ 100m$^2$。2016 年，省政府办公厅下发《关于推进城市地下综合管廊建设的实施意见》（苏政办发〔2016〕45 号），大力推进城市综合管廊建设，规划 2020 年全省建设城市地下综合管廊达 300km。

各地绿色生态城区积极编制“城市空间复合利用专项规划”，转变“轻地下、重地上”的城市空间发展方式，引导城市空间复合利用，各地绿色生态城区人均建设用地面积平均约 86m$^2$，实现了城市空间的集约利用；加大地下空间开发利用，累计开发建成功能复合的地下空间总面积 1370 万 m$^2$；建设运营各类城市地下综合管廊 42.36km，有效提高了城市空间利用率。五年来，各地积极开展绿色生态空间布局优化工作，按照相关指标规划实施比例计算，苏州工业园区、苏州高新区、阜宁县城南新区排在前三位，实施度均达到 100%，南京河西新城、盱眙县实施度也较好，达到 87.5%。按照相关工作实施情况计算，地下空间开发利用、人均建设用地、500m 范围内有社区级公共设施的居住区排在前三位，实施度分别为 100%、81% 和 51.7%。

通过图 3-6~ 图 3-9 的数据分析可以看出，全省绿色生态城区在城市空间绿色生态布局方面工作开展存在一定的共同性，但在以下几个方面也存在着明显的差异性，如在城市综合管廊建设方面，苏南地区开展情况较好，约有 56.7% 的生态城区试点实施了综合管廊，建设量也占全省绿色生态城区的 96.9%，苏中苏北地区由于政策推进力度不足、管廊造价较高等问题工作开展很少；在城市人均建设用地指标控制方面，苏中地区实施最为到位，100% 的地区开展了有效的控制，而经济发达的苏南地区却有 1/3 的地区未能有效实施该工作；在城市公共设施、公共空间可达性方面，苏北地区 60% 以上城区有效开展了该项工作，苏中地区也较高约 50% 左右，实施比例虽高，但可达性的比例普遍偏低；相反苏南地区仅有 45% 左右的城区开展了该项工作，但可达性的比例较高。由此可见，苏南地区的生态城区较为关注新政策、新要求，敢于在城市空间方面率先探索实践如地下综合管廊等重点国家和省的重点工作，但对于空间优化布局等基础内容的控制反而不够重视；苏北地区的生态城区则更为注重从建设用地控制、空间布局优化等方面着手，加强城市空间的集约利用。

3.2.1　土地利用与布局

（1）人均建设用地控制

人均建设用地面积是城市集约发展的一项重要控制指标，通过综合手段控制人均建设用地面积可提高土地资源的利用效率。目前中国城镇居民人均用地面积早已超过国家关于城市规划建设用地目标的 30% 左右，大大高于发达经济体人均城市用地水平。2014 年国务院发布《国家新型城镇化规划（2014~2020）》提出，密度较高、功能混用和公交导向的集约紧凑型开发模式将成为主导，人均建设用地面积严格控制在 100m$^2$ 以内。

江苏省绿色生态城区人均建设用地面积平均值约为 86m$^2$/ 人，指标值最高的生态城区是连云港市连云新城商务中心区和南京新城科技园，现状人均建设用地分别达到 169.8m$^2$/ 人和 155m$^2$/ 人。两地区均为新区开发，土地开发强度大，人口、产业尚在引入中，从而使得现状人均建设用地指标现状远远超过了规定值。江苏省绿色生态城区人均建设用地面积统计如图 3-10 所示。

同时，还有 8 个地区指标值超过新型城镇化要求的 100m$^2$/ 人，这些地区大部分集中在苏南、苏中的新建开发区，启动时间早于 2014 年，是按照《城市用地分类与规划建设用地标准》规定，指标值基本在 120m$^2$/ 人。南京河西新城、泰州医药城等地通过强化土地混合利用，引入人口和生产要素，促进城市用地集中布局、紧凑发展，人均建设用地指标管控较好。

（2）城市公共服务中心与大容量公共交通枢纽耦合

城市公共服务中心与大容量公共交通枢纽的耦合度是指轨道交通与公共

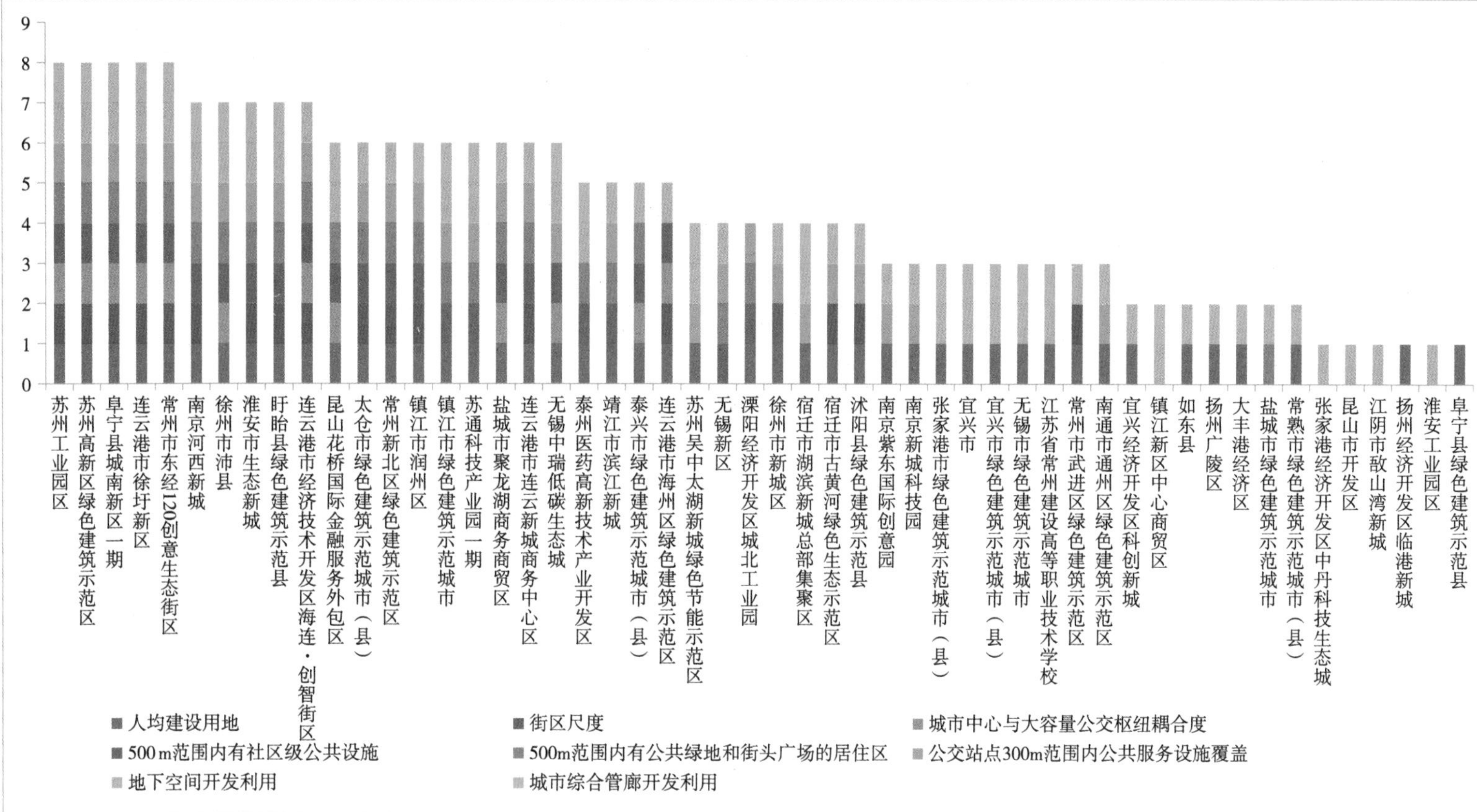


图 3-6 江苏省绿色生态城区空间布局规划情况统计

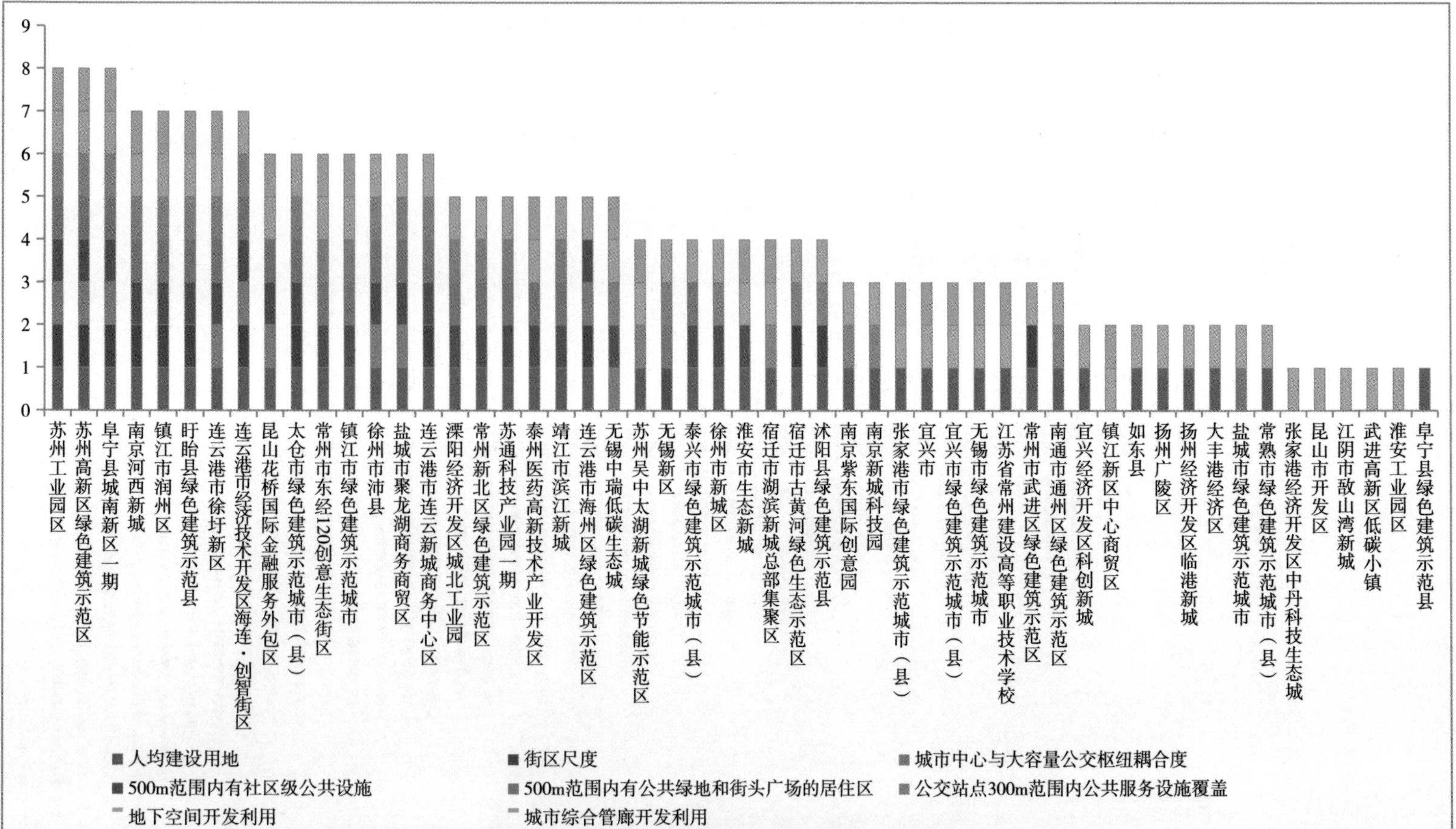


图 3–7 江苏省绿色生态城区空间布局实施情况统计

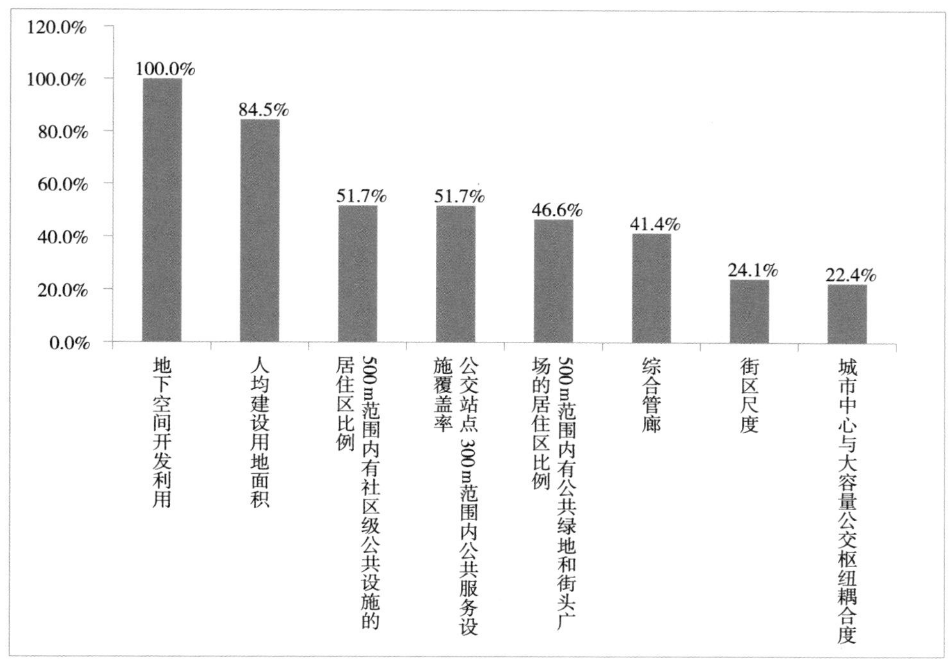


图 3–8 江苏省绿色生态城区城市空间布局指标实施度

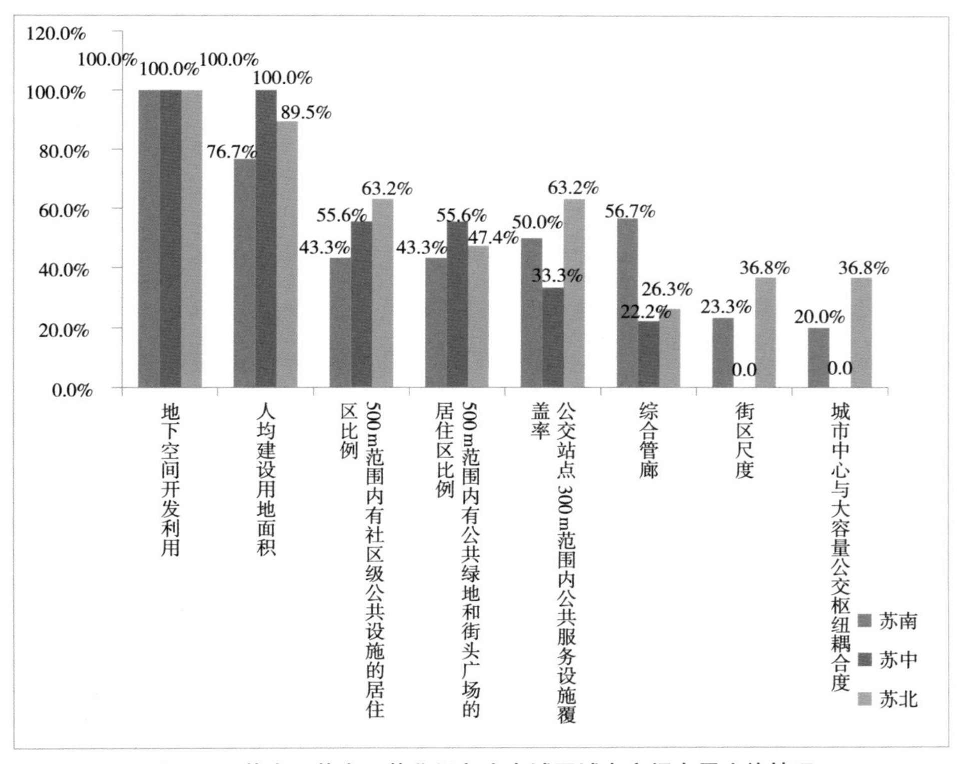


图 3–9 苏南、苏中、苏北绿色生态城区城市空间布局实施情况

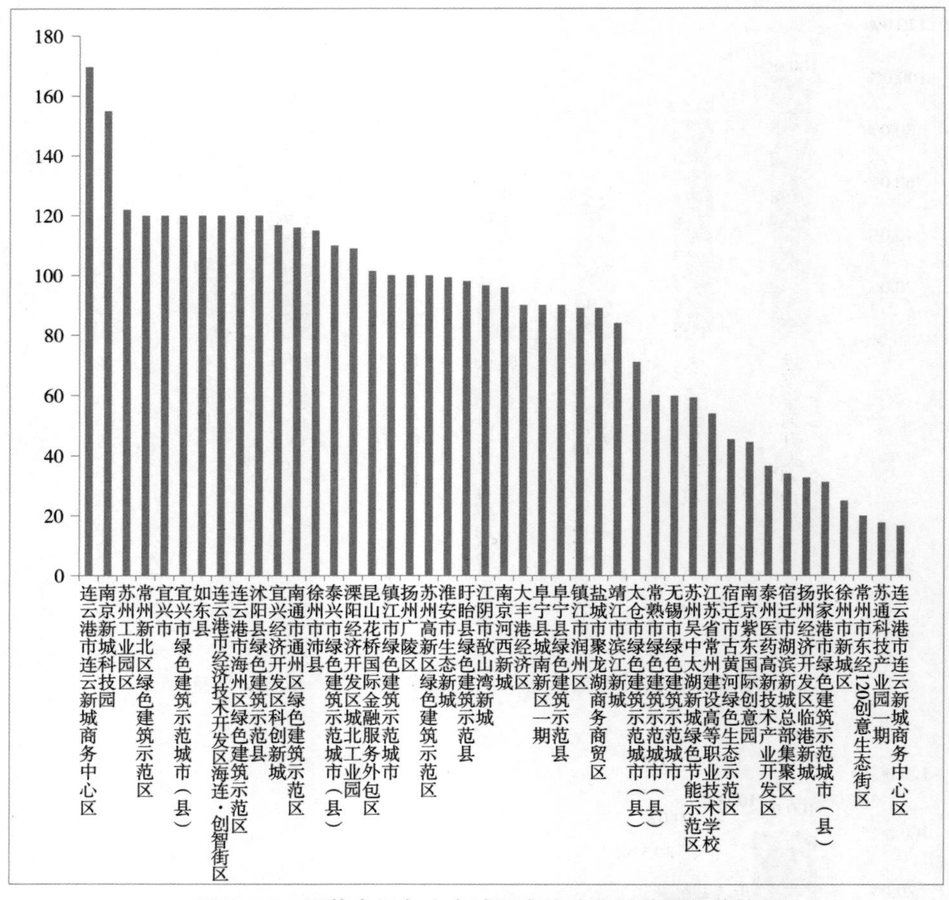


图 3-10　江苏省绿色生态城区人均建设用地面积统计

交通枢纽的 500m 范围是否与城市中心体系在空间上重合。根据城市土地使用与交通互相作用的一般原理，城市公共服务中心与交通枢纽互相耦合，既能促进城市公共中心发展，也有利于促进城市公共交通可持续发展。江苏省 58 个绿色生态城区中，仅有无锡市、连云港市、盐城市、苏州市、无锡中瑞低碳生态城等 9 个城区规划实施了该项内容，实施程度偏低。

（3）街区尺度控制

街区一般由道路围合而成，围合的区域按主导功能不同可以分为商业办公街区、居住街区、工业街区等，小尺度街区能有效促进步行出行。合理控制商业、居住和工业的街区尺度创造易于步行穿行的街区。2016 年 2 月出台的《中共中央国务院关于进一步加强城市规划建设管理工作的若干意见》中，明确提出了“优化街区路网结构。……树立‘窄马路、密路网’的城市道路布局理念，建设快速路、主次干路和支路级配合理的道路网系统。”

一般而言，商业办公步行出行人数多，宜采取较小尺度的街区。而在“新建住宅要推广街区制，原则上不再建设封闭住宅小区”的新形势下，住宅街区应充分考虑步行适宜距离和时间，选取合理的街区尺度。江苏省绿色生态城区部分地区已开展了“小街区、密路网”规划建设工作，各地结合自身情况进行了积极探索。苏南地区常州市东经 120 创意生态街区的街区尺度在所有生态城区中最小，办公区控制在 120m、居住区控制在 100m；南京河西新城南部地区商业办公和居住区尺度控制在 180m，苏州高新区商业办公区控制在 100~150m、居住区控制在 200m；镇江润州区业办公区控制在 300m、居住区控制在 200m；苏北地区连云港市经济技术开发区创智街区商业办公和居住区尺度控制在 230m。江苏省绿色生态城区街区尺度控制如图 3-11 所示。

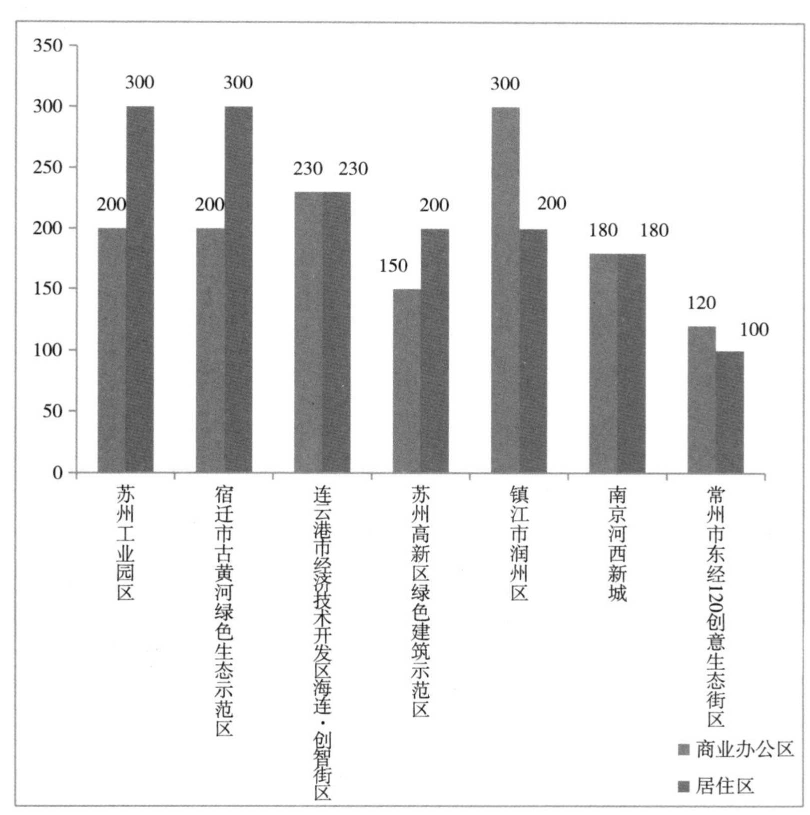


**图 3-11 江苏省绿色生态城区街区尺度控制**

### 3.2.2 空间可达性

空间可达性是指拥有相应需求的人群通过某种交通方式从某一给定区位到达目标设施的便捷程度，用于反映公共设施和绿化广场布局的合理性。通过推进用地布局与绿色交通的一体化发展，引导提升公共设施、绿化广场及慢行空间的可达性促进利用绿色交通出行，达到交通减量的目的。

（1）公共设施

《城市公共设施规划规范》GB 50442-2008 要求，公共设施规范要符合统一规划、合理布局、节约用地、因地制宜，要适应市民活动规律，创造安全、卫生、方便、舒适的城市环境。江苏省绿色生态城区重视居住区周边公共设施合理布局，以 500m 步行时间为衡量，优化布局，超过 50% 的生态城区以此为标准实施了相关工作（图 3-12）。苏南地区如南京河西新城、无锡中瑞低碳生态城、常州新北区、东京 120 创意街区等地居住区 500m 范围内公共设施覆盖率达 100%，苏州工业园、昆山花桥覆盖率也超过 85%，基本建立了合理的级配体系，保障了公共设施服务覆盖的均好性，提升了公共服务品质。苏北地区如连云港徐圩新区、创智街区覆盖率在 60%，而盐城聚龙湖、阜宁县覆盖率仅有 40% 左右。

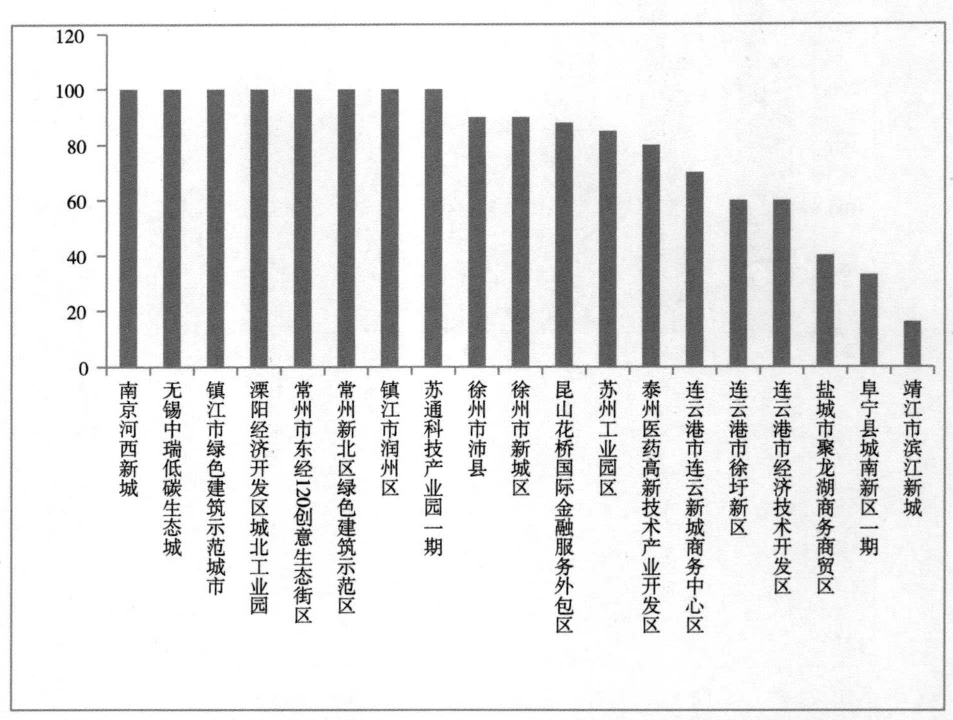


**图 3–12　江苏省绿色生态城区 500m 范围内有公共设施的居住区比例**

（2）绿地广场

公共绿地和街头广场是城市生态开敞空间系统的重要组成部分，500m 的步行时间出行能有效保证公共绿地和街头广场的可达性，也是均衡绿地布局的重要方面。江苏省绿色生态城区充分考虑城市绿地和广场均好性布局，超过 50% 的生态城区开展了相关工作。苏南地区如南京河西新城、常州新北区、镇江润州区等地居住区 500m 范围内有公共绿地广场的比例达到 100%，让市民尽可能平等的享受到生态开敞空间所提供的服务功能（图 3-13）。苏北地区如盐城、连云港的覆盖率也基本超过 60%。通过绿化广场的合理布置，降低城市建筑密集地段的热岛程度，减轻污染物浓度，为居民提供更为舒适的生活空间。

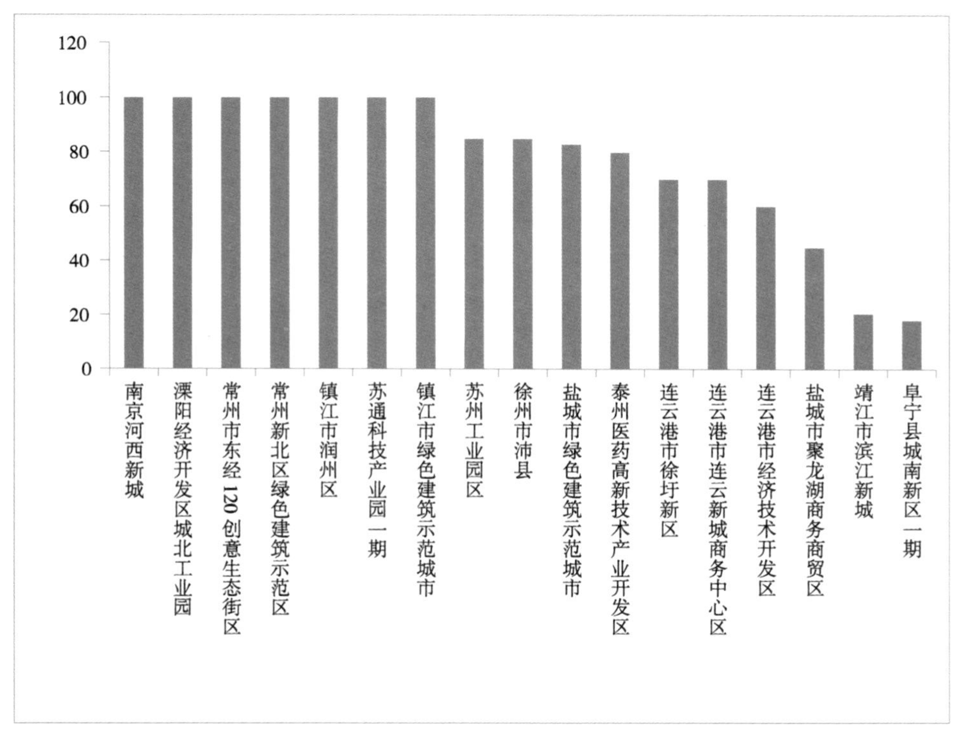


**图 3–13　江苏省绿色生态城区 500m 范围内有绿地广场的居住区比例**

### 3.2.3　地下空间开发利用

（1）地下空间复合利用

城市地下空间复合利用对提高土地利用率，缓解中心城市密度，疏导交通，扩充基础设施容量，增加城市绿地，保持历史文化景观，减少环境污染和改善城市生态起到不可忽视的作用。地下空间复合利用作为江苏省生态绿色城区建设的重要考核内容，也是各地提升土地集约利用的重要抓手，各地也在积极探索各类适宜的技术方法。

江苏省58个绿色生态城区5年来累计新开工建设地下空间复合利用项目近1468.3万$m^2$，其中苏南地区1012.3万$m^2$、苏中地区233.0万$m^2$、苏北地区223.1万$m^2$，分别占比68.9%、15.9%和15.2%（图3-14）。盐城市在绿色建筑示范城市（县、区）中，地下空间开发力度最大，约85.1万$m^2$；江阴敔山湾新城在建筑节能和绿色建筑示范区中，地下空间开发力度最大，约73.8万$m^2$。苏南地区经济相对发达，城市活力高，对于停车和商业中心用地需求大，土地资源稀缺，而地上土地价值高，因此对地下空间需求度高。苏南地区地下空间除了人防作用外，多结合商业、停车、轨道交通进行立体开发。如无锡太湖新城地下空间集中开发，加强地下空间的联系；苏州高新区开发具有交通、商业、市政、防灾复合功能地下空间；南京河西新城依托轨道交通地下街建设，串联地下空间，形成网络状地下空间结构；淮安生态新城对地下空间开发量化，建设功能混合、竖向分层的下空间。

（2）城市综合管廊

习近平总书记在2016年中央城市工作会议上指出："要合理布局地下综合管廊，以避免出现地上设施齐全、地下管线混乱、地面被反复'开膛破肚'"。同年2月出台的《中共中央国务院关于进一步加强城市规划建设管理工作的若干意见》中，明确提出了建设地下综合管廊。布置安全、可持续、低消耗的城市管廊综合，在节约地下空间、避免地面重复开挖、维修等方面具有突出优势，有利于促进城区建设的可持续发展，克服城市规划与市政管线发展变化之间的矛盾，对优化城市环境、合理利用城市地下空间具有重要意义。

早在2010年江苏设立首批绿色生态城区时，就将城市综合管廊规划建设作为重点工作。截至2015年年底，全省绿色生态城区中累计建成城市综合管廊42.4km，其中苏南地区41.1km，占全省96.9%，苏中、苏北地区1.3km。根据规划，全省绿色生态城区综合管廊全部建成后，总长度将达80.6km。无锡市累计建成综合管廊近18km，全省最多。苏州工业园区通过系统规划、联合多部门推进、采用PPP模式实施城市综合管廊8.4km，并设立专门的管理机构负责日常管理、综合协调等事宜；南京河西新城结合基础设施规划设计，围绕市政管线布局，优化配置合理布局综合管廊8.9km，便于集中运营管理；泰州医药城结合地下车库整合建设城市综合管廊约1km。

从实践情况看，城市综合管廊规划建设成本较高，每公里造价约2000万~3000万元，建成后涉及运营维护费用问题；另一方面地下管线类型多样、权属复杂，涉及十多个权属部门，存在难于管理的问题。经济问题造成了苏中、苏北的绿色生态城区不愿开展城市综合管廊规划建设工作。虽然苏南地

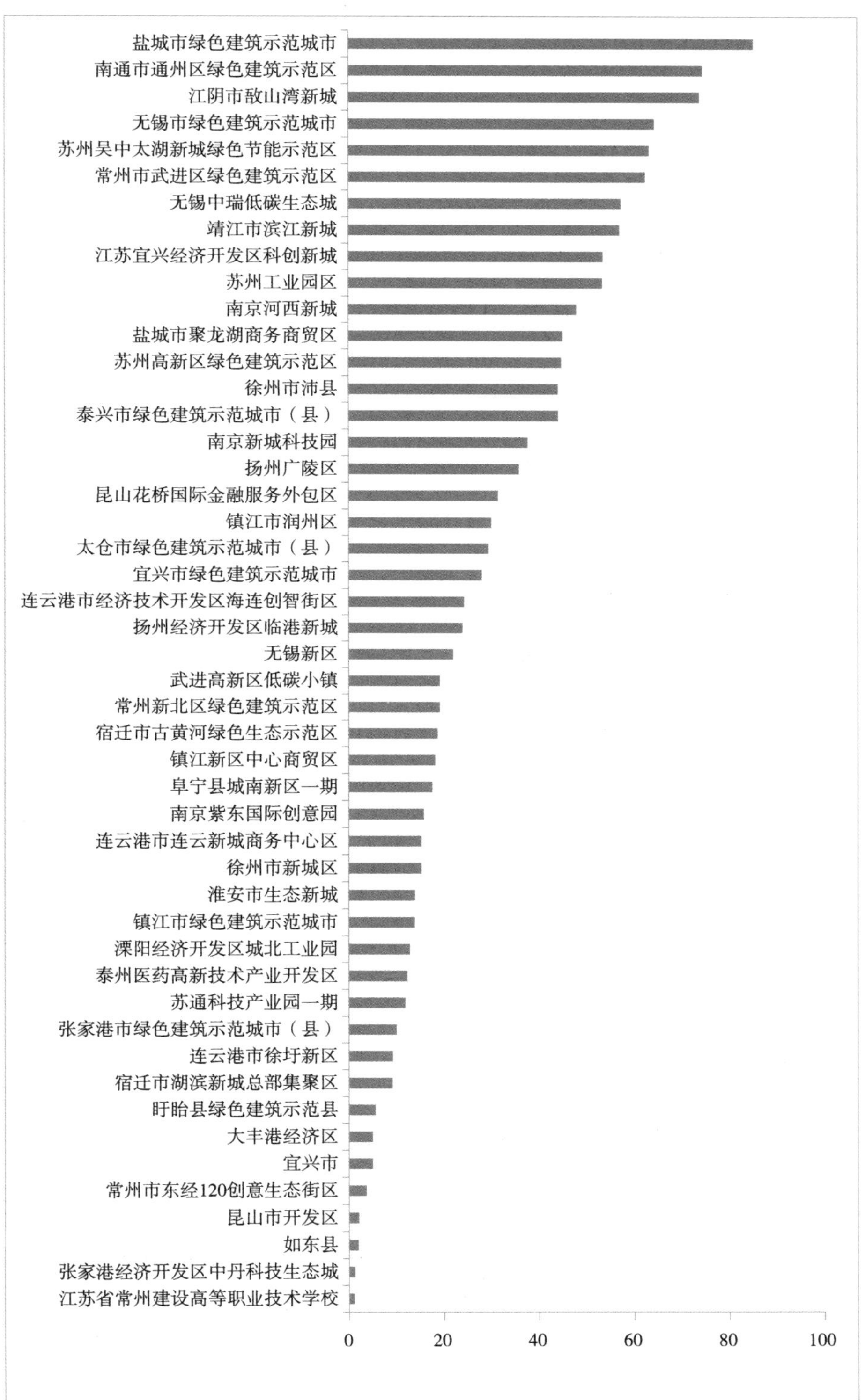


图 3-14　江苏省绿色生态城区地下空间开发利用

区建成了近 41km 综合管廊，但在运营管理过程中也存在如投资回报难、运营维护费用如何收取、安全维护问题，以及部分管线不愿进入综合管廊等问题。江苏省绿色生态城区综合管廊规划建设情况如图 3-15 所示。

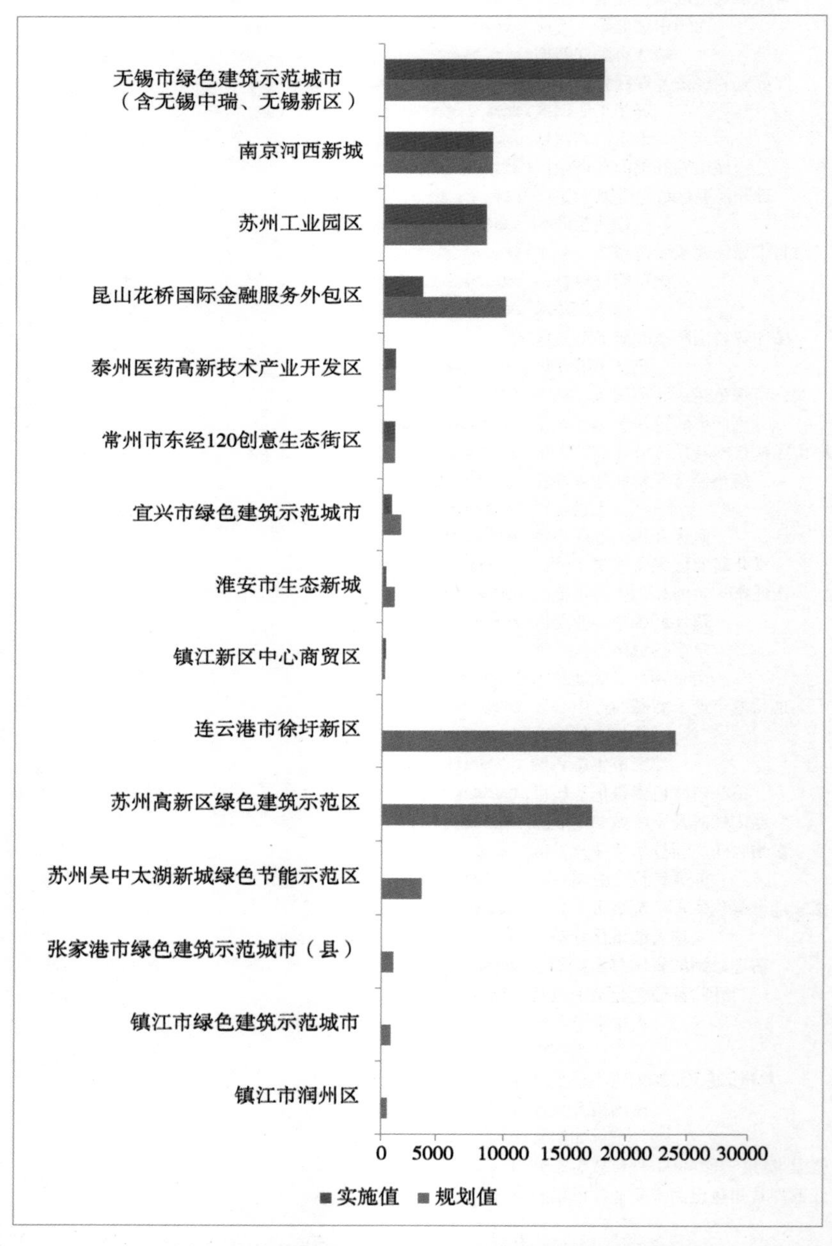


图 3–15 江苏省绿色生态城区综合管廊规划建设情况统计

## 3.3 城市绿色能源

城市能源系统是城市重要的基础设施，是城市可持续发展的保障。随着经济社会的高速发展，城市对能源的需求持续增长，城市能源系统的发展已受到越来越多的关注。江苏省绿色生态城区绿色能源系统主要包括能源设施、可再生能源建筑应用、绿色照明三大部分。能源系统规划建设过程中坚持绿色发展道路，以节约能源和调整用能结构为目标，提高能源利用效率，加大可再生能源在城市用能中的比例，推广适合本地条件的能源应用技术，形成相关的科研、设计、研发、应用体系，提升管理与服务能力，带动相关产业发展，逐步实现城市用能结构的根本转变，促进经济、社会可持续发展。

近年来，为了配合国家能源战略的实施，我国出台了一系列能源政策，对城市能源系统的规划建设产生了重大影响。在国际上，我国已作出 2030 年温室气体排放将达到顶峰的承诺，将实行更严格的能耗总量控制和排污量控制措施。在国内政策制定方面，2015 年 4 月中共中央国务院发布了《关于加快推进生态文明建设的意见》，其中指出坚持把绿色发展、循环发展、低碳发展作为加快推进生态文明建设的基本途径，提出了到 2020 年“资源利用更加高效的具体要求，以及单位国内生产总值二氧化碳排放强度比 2005 年下降 40%~45%，能源消耗强度持续下降，资源产出率大幅提高，非化石能源占一次能源消费比重达到 15%左右”的具体目标。近期，在中央《关于进一步加强城市规划建设管理工作的若干意见》(中发〔2016〕6 号)中明确提出了“推进节能城市建设”的要求；在《国务院关于深入推进新型城镇化建设的若干意见(国发〔2016〕8 号)》中也提出了“推动分布式太阳能、风能、生物质能、地热能多元化规模化应用和工业余热供暖，推进既有建筑供热计量和节能改造”等针对能源系统规划、建设的具体要求。

江苏省积极响应国家号召，出台了一系列推进绿色能源系统的政策文件。2009 年，《省政府办公厅转发省住房和城乡建设厅关于推进节约型城乡建设工作意见的通知》要求加快太阳能、浅源地热等在建筑中的应用，推进新能源建筑一体化建设的方针，明确了到 2012 年全省新建建筑可再生能源利用率达 60% 的任务目标。2011 年，《全省美好城乡建设行动实施方案》发布，要求完善城市绿色照明管理制度，加快城市照明节能改造，积极开展城市绿色照明评价活动。2013 年，省政府发布《江苏省绿色建筑行动实施方案》，提出进一步推动太阳能、浅层地能、生物质能等可再生能源在建筑中的应用，加强太阳能与空气源热泵耦合技术研究与示范，提高应用比例和质量，要求在“十二五”期间，新增可再生能源建筑应用面积 2 亿 $m^2$。2015 年，《绿色建筑发展条例》中也对可再生能源的利用，区域能源供应系统的规划建设等提出了具体的要求。此外，江苏省倡导在绿色生态城区范围内优先开展试点示范，构建因地制宜的绿色能源系统。

各地绿色生态城区积极落实相关要求，坚持“规划引领”理念，积极编制能源利用专项规划，所有 58 个绿色生态城区均开展了能源利用专项规划的编制，并将能源利用相关指标纳入控制性详细规划中，有效地保障了绿色能源系统的实施。目前，有 25 个绿色生态城区开展了能源站规划，占比达 43.1%，其中，19 个城区建设实施了能源站系统。绿色生态城区开展太阳能光热利用和浅层地热能利用的比例较大，分别为 96.6% 和 86.2%，为发挥示范效应，74.14% 的城区开展了太阳能光电利用，取得了良好的效果。同时，多地绿色生态城区结合自身实际，适当运用浅层水源、海水源、污水源等可再生能源系统。在节能灯具、可再生能源路灯等方面积极探索，有 36.2% 的城区利用合同能源管理模式开展了老城区路灯改造。泰州医药城区域能源站、无锡新区污水源热泵能源站、苏州吴中太湖新城分布式能源系统、常州新北区集中供热系统、镇江新区可再生能源照明系统改造等一大批试点示范项目的规划建设，推进了江苏省绿色能源系统的发展。

通过图 3-16~ 图 3-18 的数据分析，规划引领推动江苏省绿色生态城区绿色能源系统建设效果明显。同时，不同地域采用的能源应用形式有所差异，苏南地区经济较为发达，土地开发相对集中，区域能源系统、大范围的城市集中供热，造价较昂贵的太阳能光伏系统应用较为广泛，苏中苏北地区则较多的采用太阳能光热系统，绿色照明系统等。

### 3.3.1 区域能源系统

区域能源系统主要包括区域能源站、城市冷热电三联供、分布式能源站、集中供热系统、太阳能光伏电站等五个方面。截至目前，全省 58 个绿色生态城区共建成区域能源站 34 座，冷热源主要以浅层地热源、江（湖）水源、污水源等为主，服务建筑面积达到 1154 万 $m^2$；建成分布式能源站 5 个，服务建筑面积 97.3 万 $m^2$；集中供热系统 14 个，服务建筑面积 1234 万 $m^2$；太阳能光伏电站年发电量达 16790 万 kWh。通过集中能源设施的建设，实现年节约 13.9 万 t 标准煤。

如图 3-19 所示，区域能源站大多分布在苏南较发达地区（苏州工业园区、吴中太湖新城、无锡新区等绿色生态城区），苏中和苏北地区分布较少，这一方面是由于区域能源站的落实与地方的经济水平有很大联系，另一方面原因

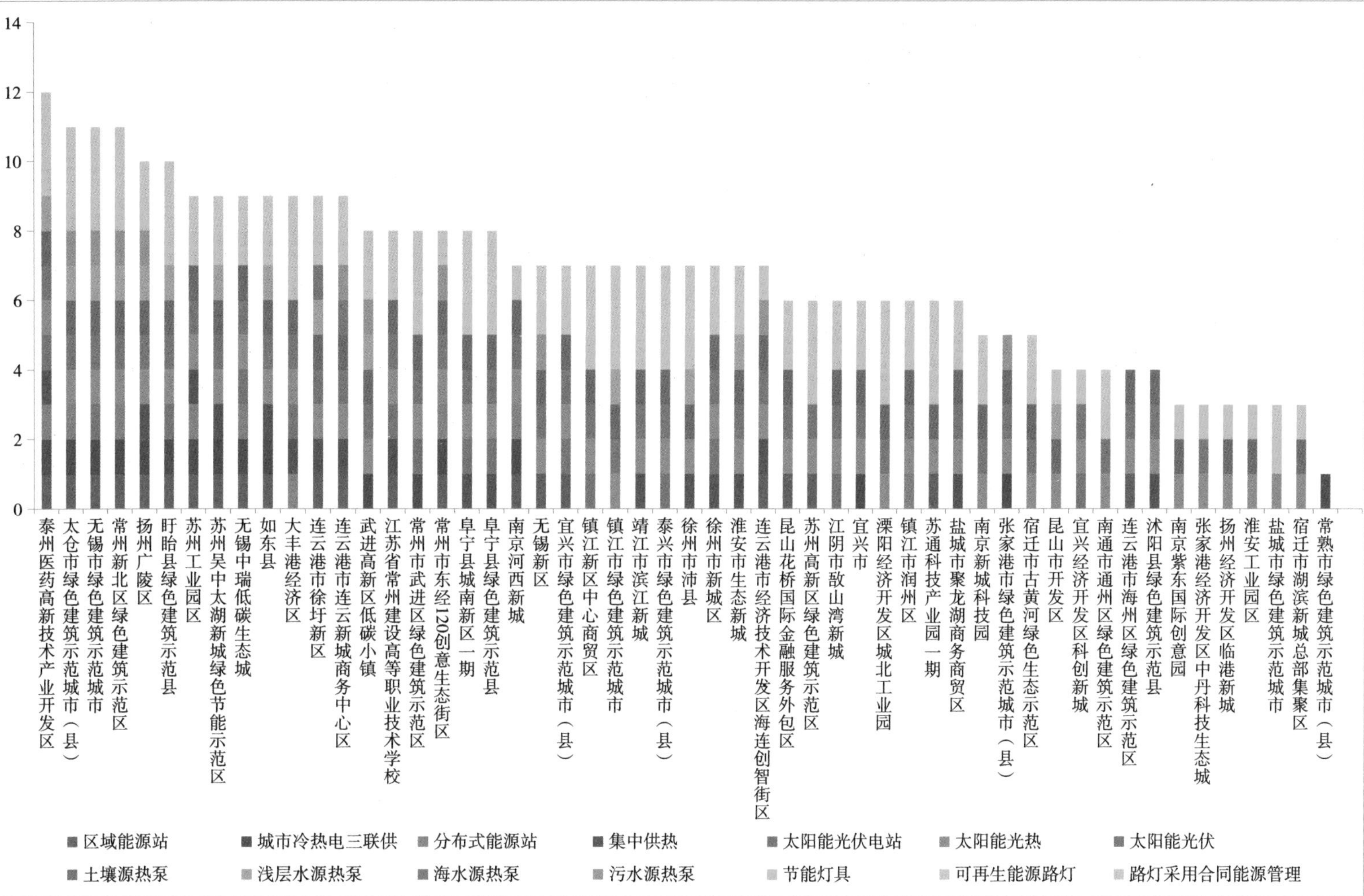


图 3-16 江苏省绿色生态城区城市绿色能源系统指标规划情况统计

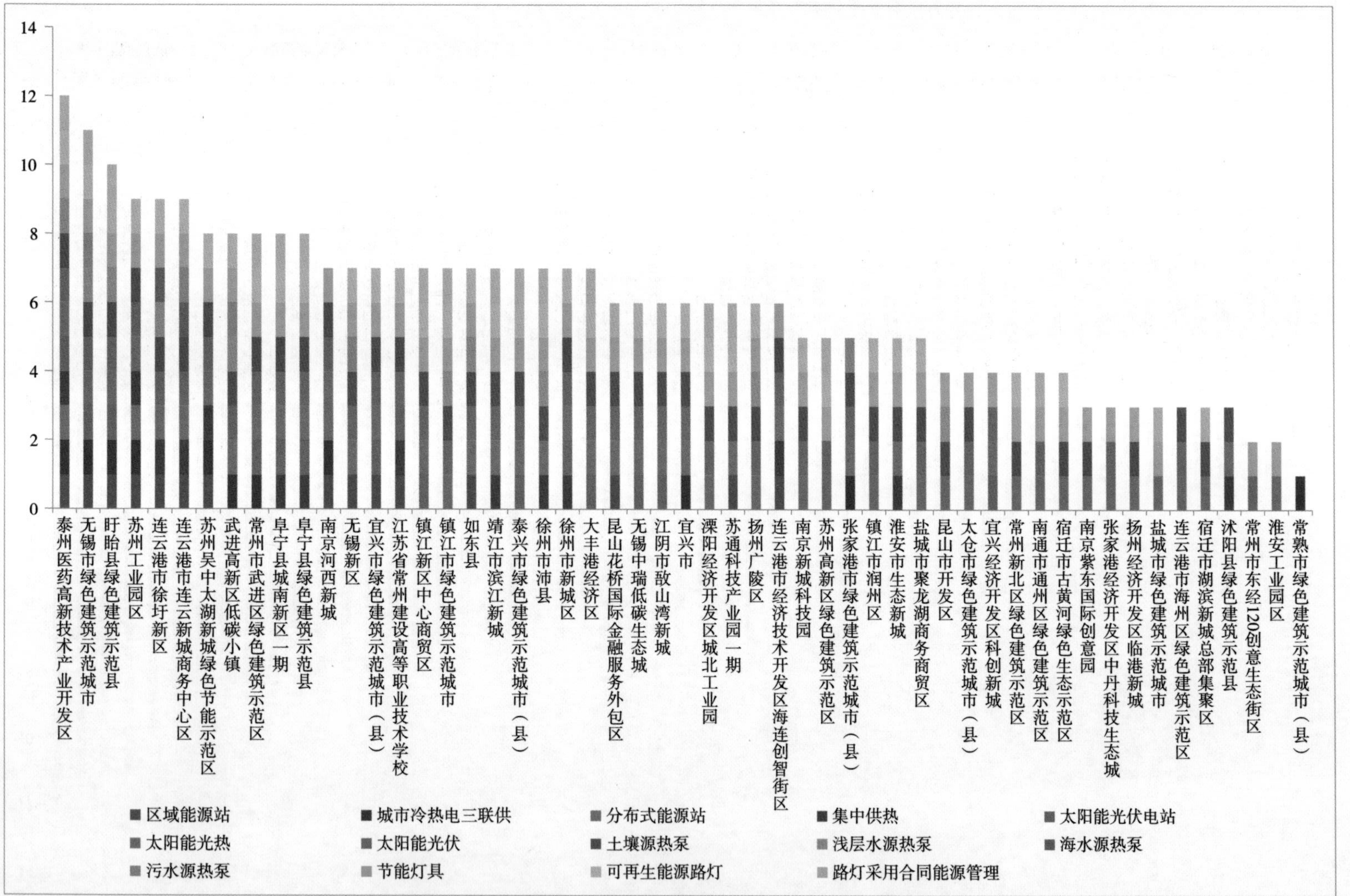


图 3-17 江苏省绿色生态城区城市绿色能源系统指标实施情况统计

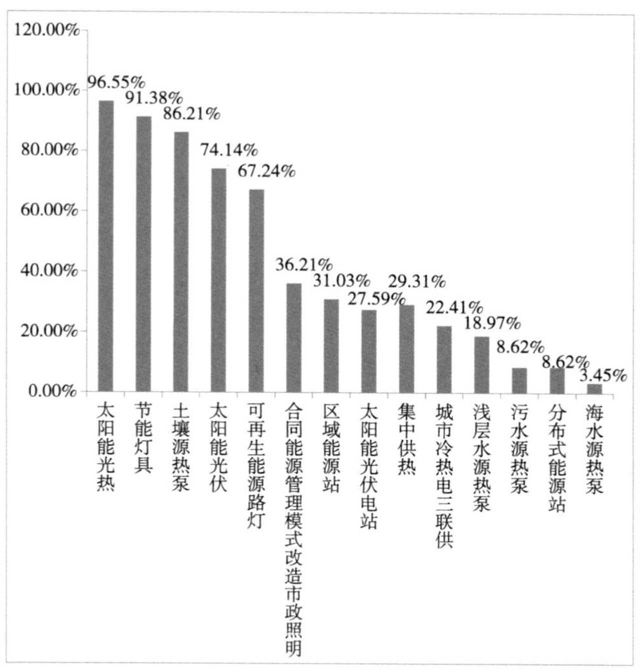


图 3–18 江苏省绿色生态城区城市绿色能源系统指标实施度

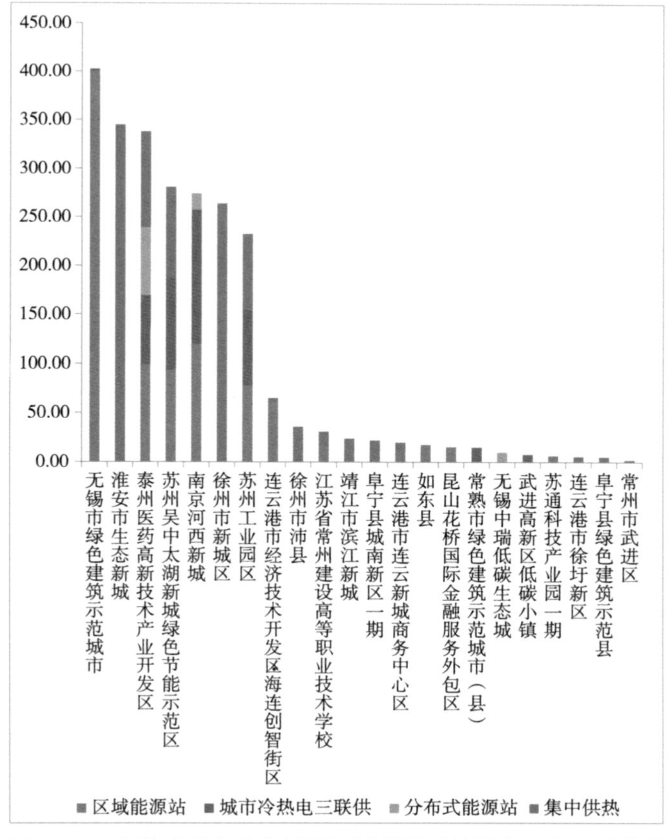


图 3–19 江苏省绿色生态城区区域能源系统服务建筑面积统计

是对区域能源站的理解尚未达成共识，推广和普及有待加强。

区域能源站在不同的地区中的建设和运营状况也存在较大差异。通过专业的运营团队管理的区域能源系统运营情况较好，能够取得较好的经济效益。泰州虽然位于苏中地区，但由于泰州医药城管委会和专业的公司合作，引进专业技术人员，成立了专门负责能源系统运营的团队，并积极寻找第三方机构进行系统运营的后评估评价，不断优化系统，因此区域能源站与分布式能源站建设及运行成果较好，取得了较好的经济和社会效益，实施成效全国领先。部分绿色生态城区结合自身实际条件，采用热电厂余热进行集中供热，一方面解决了建筑供热需求，另一方面提高了电厂发电效率，实现了经济效益与环保效益双赢，如图 3-20 所示。

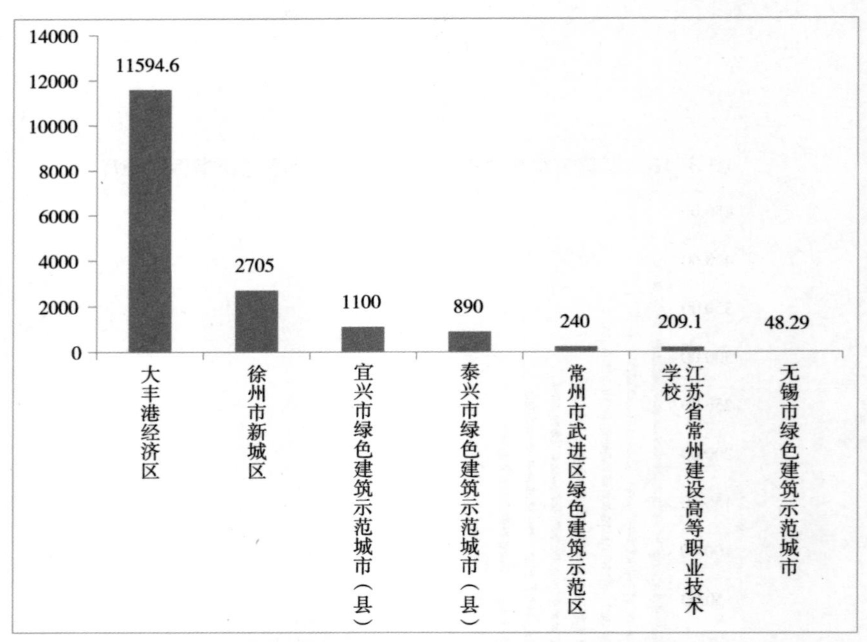


**图 3-20　江苏省绿色生态城区太阳能光伏电站发电量统计**

### 3.3.2　可再生能源利用

各地绿色生态城区积极开展可再生能源系统建设，重点开展太阳能光热、光电、土壤源热泵、浅层水源热泵等的建筑应用，可再生能源建筑应用面积为 8029 万 $m^2$，实现年节约标准煤 18.7 万 t。

通过图 3-21 统计分析，由于太阳能光热技术成熟，公众接受度较高，市场应用广泛，因此，在苏南、苏中和苏北的应用差异不大。而因太阳能光伏、浅层土壤源热泵和水源热泵等技术的初期投资较大，其推广应用与经济发展

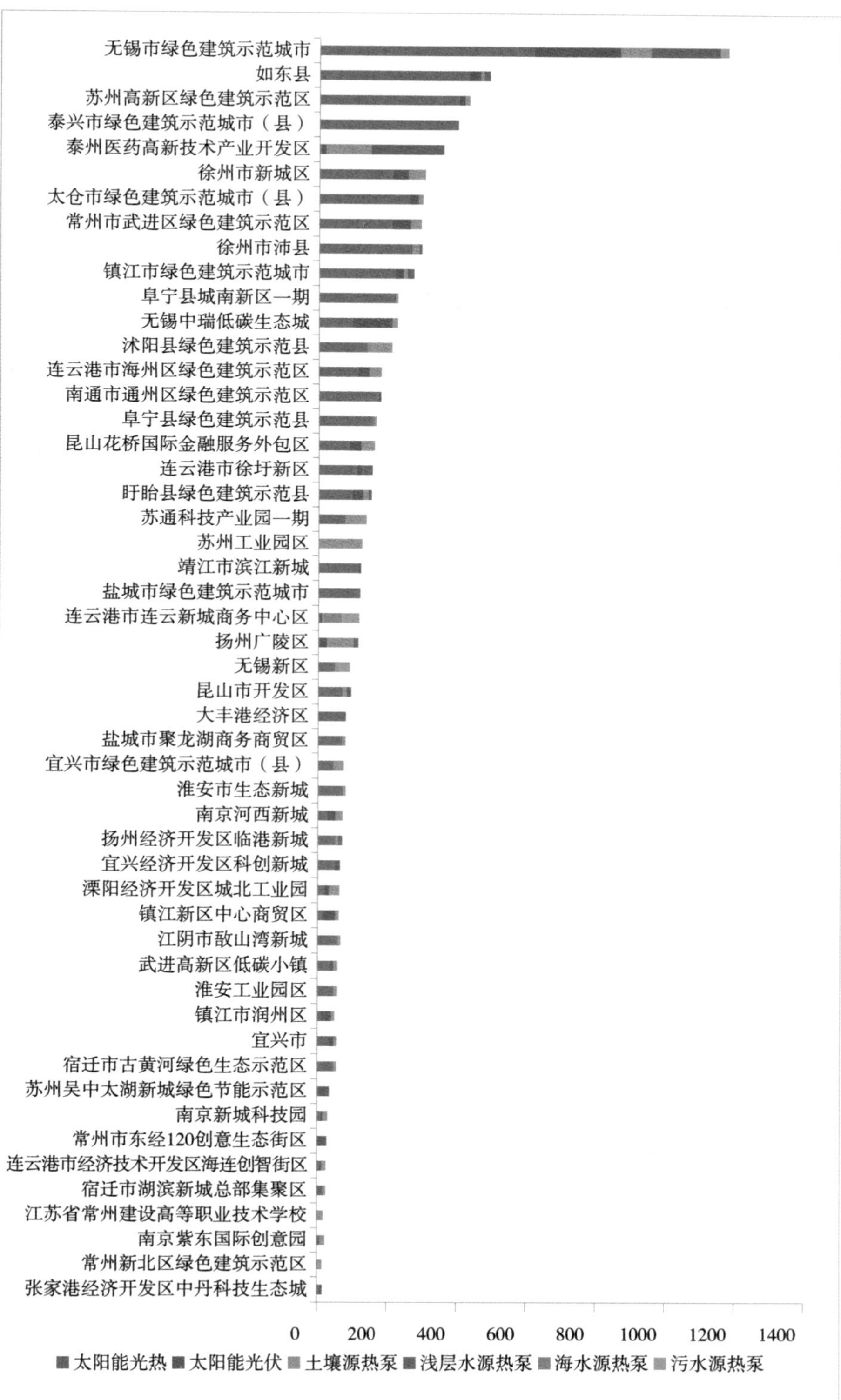


图 3-21　江苏省绿色生态城区可再生统计

水平有较大的关联，因而这些项目大多分布在苏南地区，以苏州工业园为例，公共建筑项目多采用土壤源热泵系统，部分建筑采用多种可再生能源系统耦合的形式，大大提升了建筑可再生能源的应用比例。

此外，无锡、连云港等地的绿色生态城区根据其区位和当地资源环境情况开展了海水源热泵、污水源热泵项目的规划建设。其中连云港徐圩新区采用海水源热泵解决了 27 万 $m^2$ 建筑的供冷供热需求；无锡新区采用污水源热泵为 31 万 $m^2$ 建筑提供冷热源。

3.3.3 绿色照明

城市绿色照明是江苏省节约型城乡建设重点工作之一。各地绿色生态城区在规划建设过程中，根据实际情况采用可再生能源路灯（以风能、光能或风光互补型路灯为主），规划建设了可再生能源路灯 45.6 万盏。部分绿色生态城区创新投融资模式，积极引入社会资金，采用合同能源管理模式对老旧街道进行路灯改造，累计改造路灯 5 万余盏，如图 3-22 所示。越来越多的路灯改造项目采用合同能源管理模式，一方面减少了政府的财政资金压力，另一方面也提升了改造的技术水平。通过以上措施，各城区市政照明平均节电达 5% 以上，如图 3-23 所示。

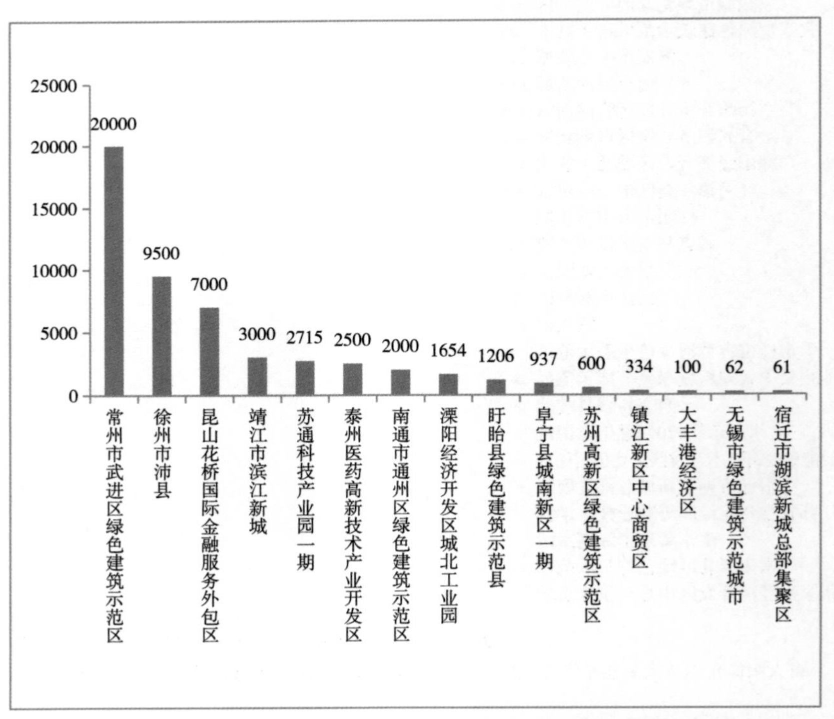


图 3-22 江苏省绿色生态城区合同能源管理模式路灯改造统计

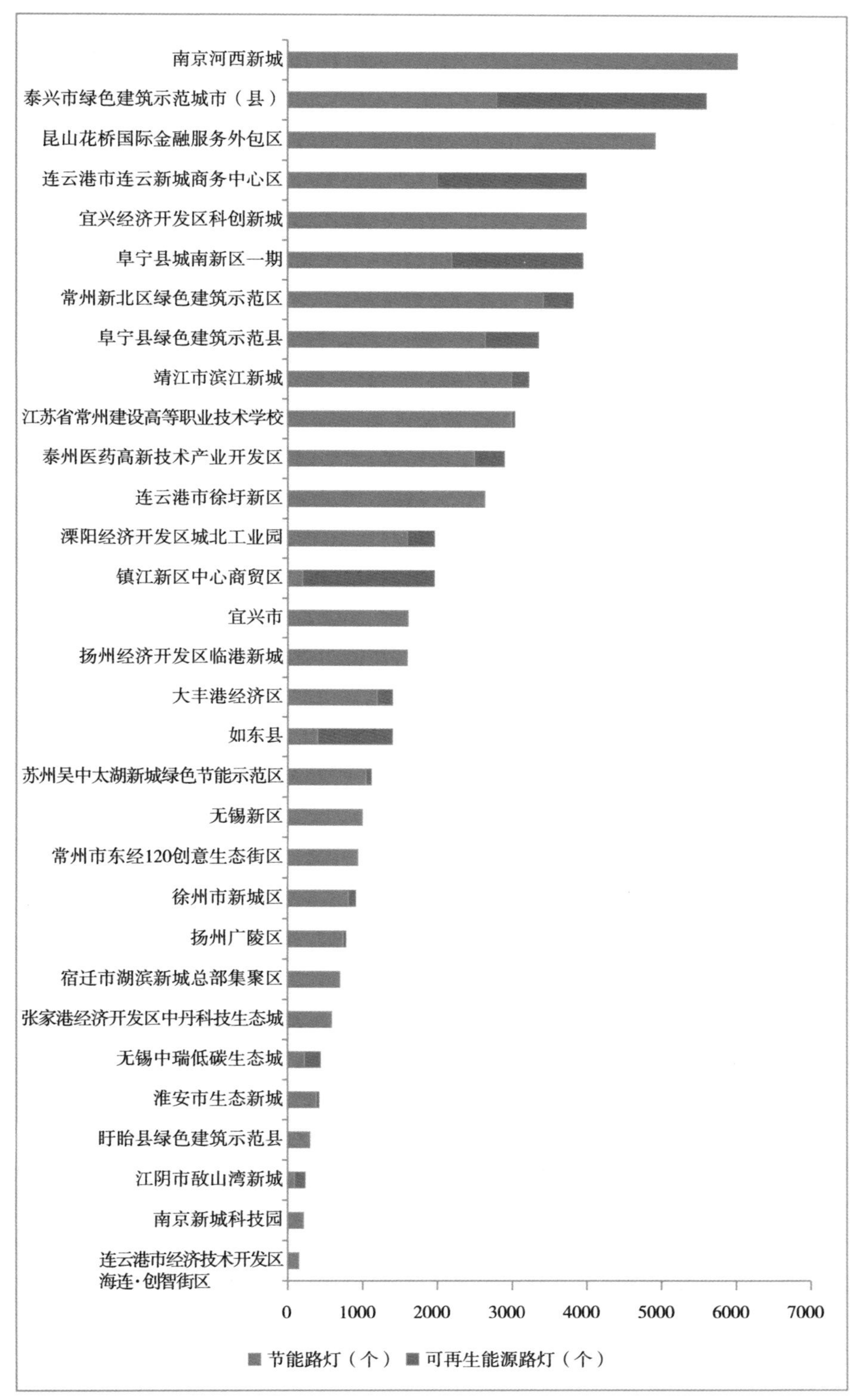


图 3-23　江苏省绿色生态城区节能路灯和可再生能源路灯实施情况统计

## 3.4 城市绿色交通

江苏省绿色生态城区致力推动实现安全畅通、降低资源消耗、促进环境友好、节省建设维护费用、以人为本的城市绿色交通系统。“十二五”期间，通过推进实施 TOD（以公共交通为导向的）开发模式，强化道路网络、公共交通、步行自行车交通、静态交通等交通基础设施规划，发展智慧交通管理及实施交通需求管理，推广新能源交通工具及新材料的使用等措施，在生态城区绿色交通开展了有针对性的规划实践。

2014 年，《江苏省新型城镇化与城乡发展一体化规划（2014~2020 年）》提出将公共交通放在城市交通发展的首要位置，加快构建以公共交通为主体的城市机动化出行系统。积极发展快速公共汽车、现代有轨电车等大容量地面公共交通系统建设，在有条件的地区大力推进城市轨道交通建设。优化公共交通站点和线路设置，推动形成公共交通优先通行网络，提高覆盖率、准点率和运行速度。因地制宜建设城市交通综合体，加强交通设施用地综合开发，推进城市轨道、地面公交等城市交通设施与铁路、公路、机场等交通枢纽紧密衔接。强化交通综合管理，有效调控、合理引导个体机动化交通需求，合理布局建设城市停车场和立体车库，有效缓解堵车和停车矛盾。同年，江苏省人民政府发布《关于进一步落实城市公共交通优先发展战略的实施意见》（苏政发〔2014〕80 号），进一步明确要通过提高运输保障能力、提升服务品质、增强公共交通竞争力和吸引力，确立公共交通在城市交通中的主体地位，构建安全可靠、经济适用、便捷高效、舒适文明的城市公共交通服务体系。

2010~2015 年，江苏省绿色生态城区积极开展绿色交通专项规划研究，基于所在城市的经济、社会、居民生活习惯等条件，在公共交通、慢行交通、静态交通、智能交通、新能源交通等多个方面开展了有针对性的创新实践。各绿色生态城区公共交通年出行比例平均达 41.4%，远高于省里 23% 的要求；公交站点 500m 覆盖率平均达 84.8%，300m 覆盖率平均达 59.8%，有效提升了公共交通的利用率；建成一批通勤网络为主体、休闲网络为辅助、共享网络为补充的步行网络体系；大力发展公共自行车，实现 13 个设区市全覆盖，在绿色生态城区内设立 5737 个公共自行车租赁点，解决公众出行“最后一公里”需求；建立综合交通监管平台、智能化公交系统，全方位高效的管理城市交通运输体系；完成 5111 辆新能源公交车置换，降低了公交车运行过程中产生的碳排放。

五年来，各地积极开展绿色交通实践，常州新北区、徐州市新城区、南京河西新城绿色交通发展较为领先，比例为 100%、100%、92.3%。根据计算，公交站点覆盖率、常规公交系统、慢行系统的实施比例排在前三，比例为 94.8%、91.4%、84.5%。在城市公共交通发展上，苏中绿色生态城区重视度高，相关工作开展比例均在 90% 以上，苏南地区小汽车增长速度快，对 TOD 模式重视程度不足；在轨道交通建设上，苏南地区建设成效显著，50.0% 的绿色生态城区实施了全省 97.0% 的轨道交通建设；苏北地区在城市快速公交建设上成效显著，63.2% 的绿色生态城区实施了全省 75.6% 的快速公交线路。此外，苏中绿色生态城区还注重智能交通建设，88.9% 以上的地区开展了综合交通监管平台建设，55.6% 的地区开展了智能化公交系统建设，如图 3-24~图 3-27 所示。综合来看，苏中绿色生态城区最重视城市绿色交通的规划建设，注重公共交通发展，推进公交为导向的城市发展模式；苏南绿色生态城区则更加注重土地与交通协调发展，重视轨道交通建设及站点与周边协调发展；苏北绿色生态城区重视公共交通发展，致力于推动城市快速公交发展。

### 3.4.1 公共交通

城市公共交通具有集约高效、节能环保等优点，优先发展公共交通，是缓解城市交通拥堵、转变交通发展方式、提升人民群众生活品质、提高政府基本公共服务水平的必然选择，是响应节能减排工作，构建资源节约型、环境友好型社会的战略选择。公共交通是绿色交通体系主导的交通方式，交通运输部把优先发展公共交通作为一个国家战略。通过确定公共交通系统构成结构，优化公共交通线网（轨道交通、快速公交、公交专用道、常规公交）、建设公交场站、提出公交优先相应措施，可引导居民优先采用公交及公交换乘的绿色交通出行方式。

江苏省绿色生态城区公共交通发展强调大容量公交（轨道交通、快速公交等）为骨干、常规公交为主体、接驳公交为辅助的系统性。

（1）公共交通出行比例

公共交通出行比例反映城市公共交通发展总体水平，是交通出行方式中重要的构成内容。2011 年，交通运输部正式发布《城市公共交通“十二五”发展规划纲要》，要求“十二五”期间，100 万 ~300 万人口城市，公共交通出行分担率达到 25% 以上；100 万人口以下城市，公共交通出行分担率达到 15% 以上（图 3-28）。2014 年，江苏省人民政府发布《关于进一步落实城市公共交通优先发展战略的实施意见》（苏政发〔2014〕80 号），到 2015 年，

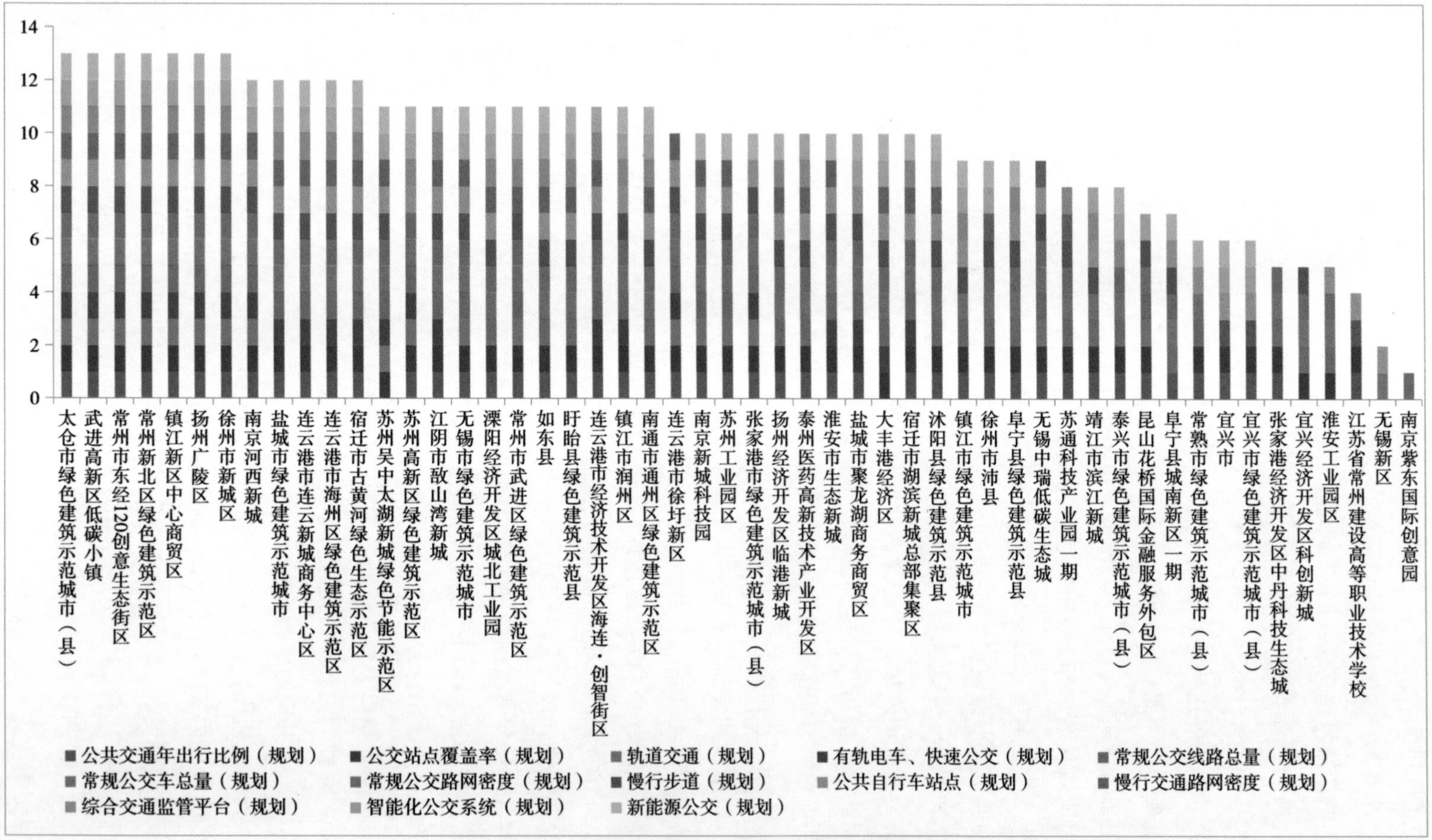

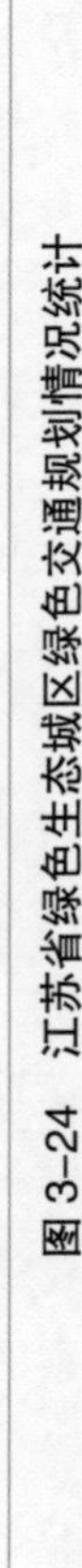


图 3-24 江苏省绿色生态城区绿色交通规划情况统计

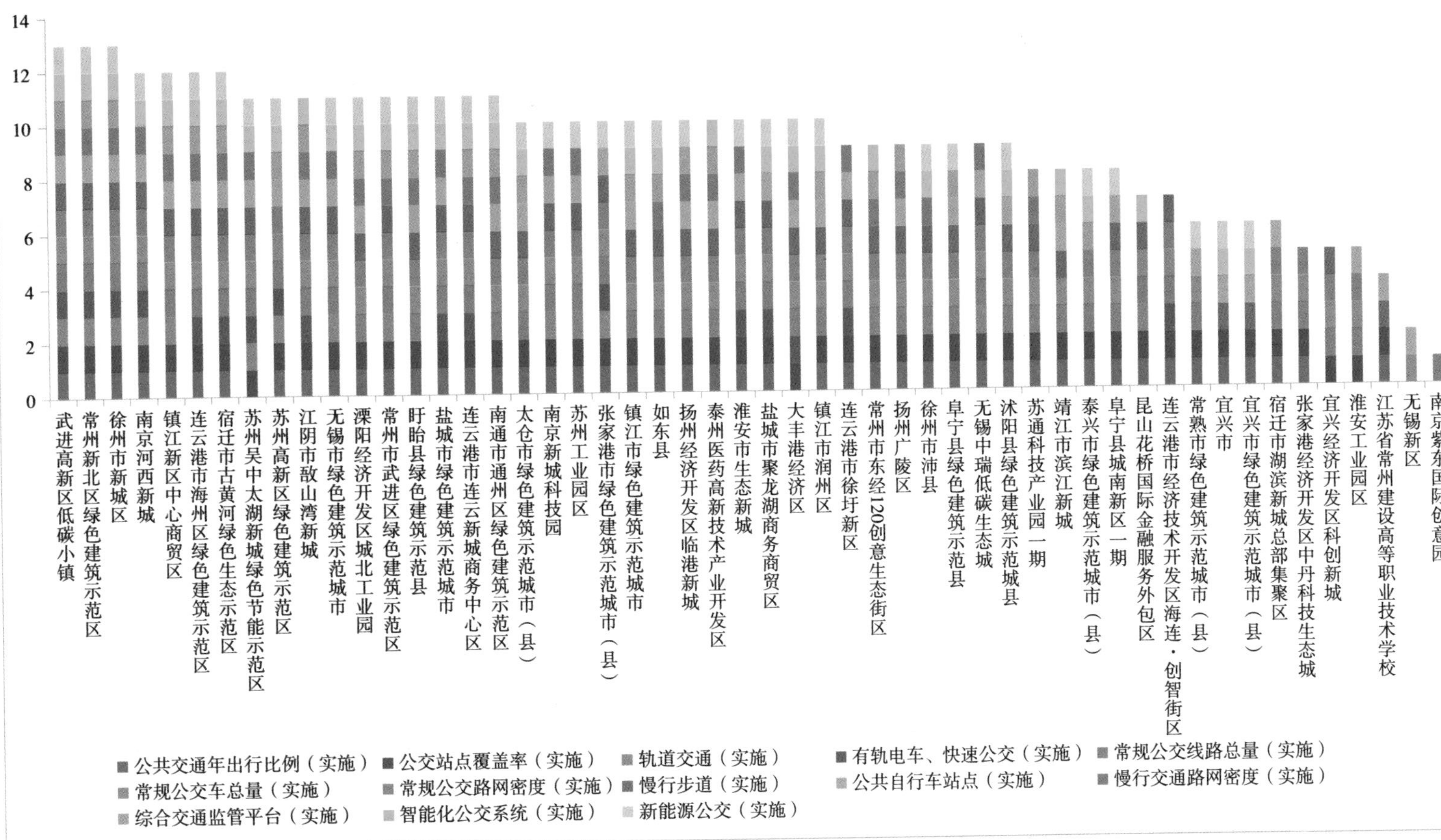


图 3-25 江苏省绿色生态城区绿色交通实施情况统计

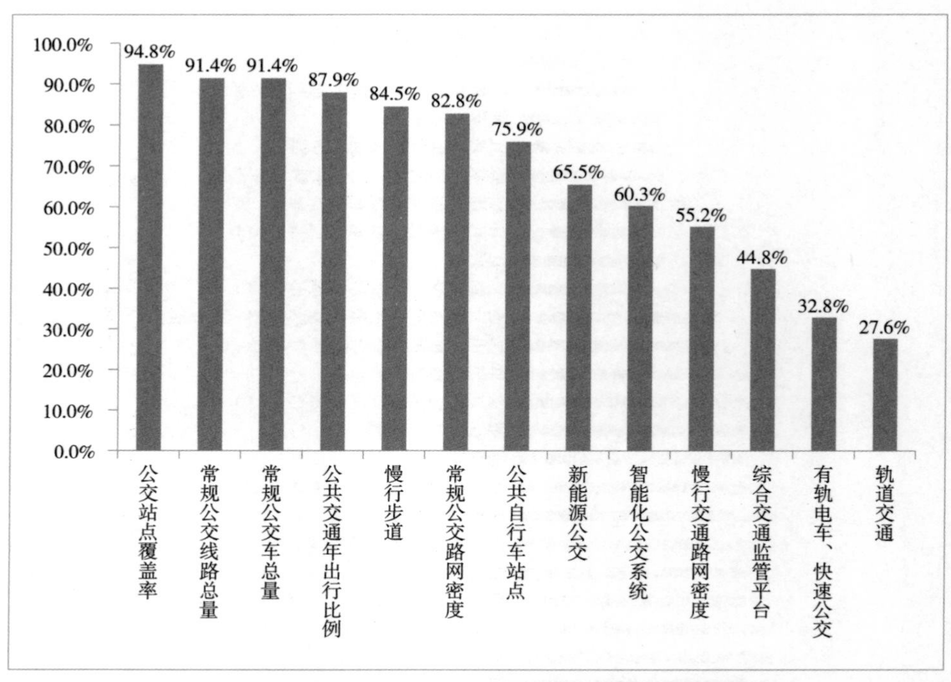


图 3-26 江苏省绿色生态城区绿色交通指标实施度

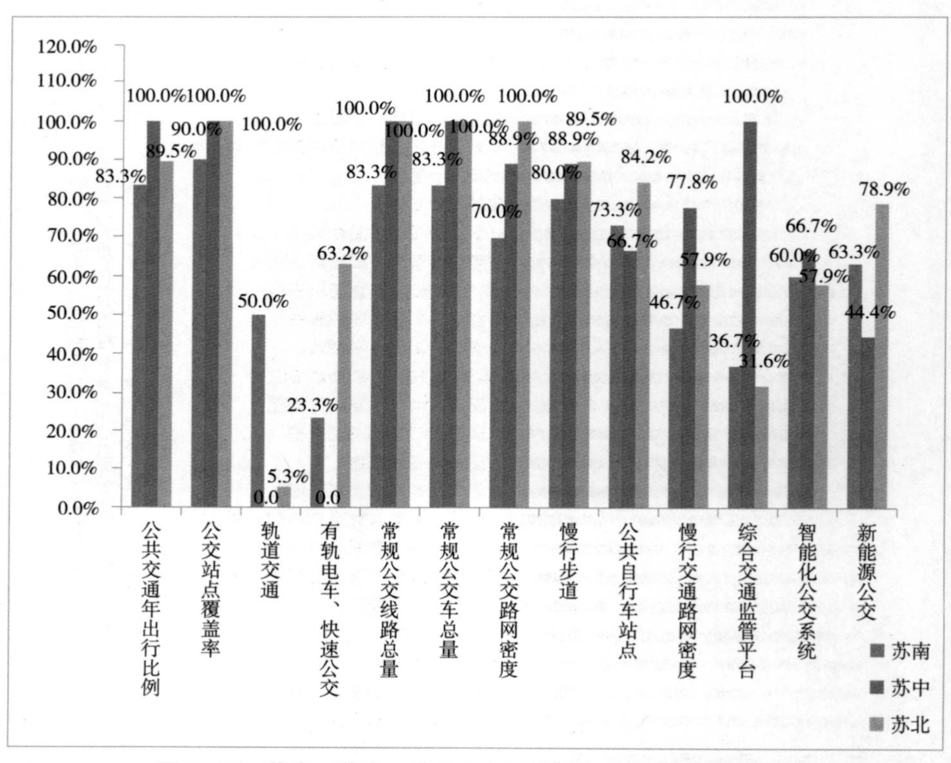


图 3-27 苏南、苏中、苏北生态城区城市空间布局实施情况

城市公共交通出行分担率平均达到 23%，苏南地区城市公共交通出行分担率平均达到 26% 以上。

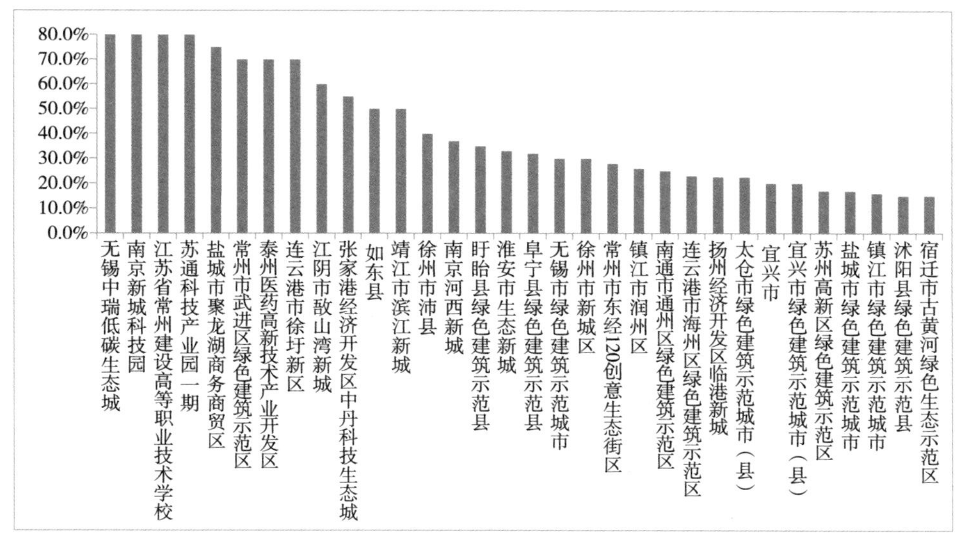


**图 3–28 江苏省绿色生态城区公共交通年出行比例统计**

根据各地数据，江苏省绿色生态城区公共交通年出行比例平均值高达 41.4%，远高于国家和省级相关政策要求，其中苏南地区出行比例约 42.8%、苏中地区 49.6%、苏北地区 40.0%。部分公共交通资源（如轨道交通、公交枢纽、快速公交等）丰富的绿色生态城区年出行比例均达到 70% 左右，如南京新城科技园以轨道交通为骨架、市域常规公交为主体、有轨电车为导向、组团内接驳公交为辅助的多层次公共交通体系；泰州医药高新技术产业开发区建立以轨道交通、客运枢纽、市域公交、接驳公交多层次的公共客运交通体系；盐城市聚龙湖商务商贸集聚区构建以 BRT 交通为支撑、以常规公交线网为主体的层次清晰、功能明确、衔接有序的公交线网模式。

（2）常规公交

常规公交系统是公共交通的主体，主要依靠市域及区内公交线网及场站，采取优化公交线路、建设公交场站、提出公交优先等相应措施，引导居民优先采用公交出行。

1）万人公交车拥有量

万人公交车拥有量是衡量城市公交发展水平的重要指标。2011 年，交通运输部正式发布《城市公共交通“十二五”发展规划纲要》，要求到“十二五”末，100 万 ~300 万人口城市，万人公共交通车辆拥有量达到 12 标台以上；100 万人口以下城市，万人公共交通车辆拥有量达到 10 标台以上。2014 年，江苏省人民政府发布《关于进一步落实城市公共交通优先发展战略的实施意见》（苏政发〔2014〕80 号），要求到 2015 年的万人公交车辆，市区人口超过 300 万的应达到 20 标台以上，市区人口在 100 万 ~300 万的应达到 17 标台以上，市区人口在 50 万 ~100 万的应达到 15 标台以上，市区人口在 20 万 ~50 万的应达到 10 标台以上。

江苏省绿色生态城区中有 18 个地区万人公交车拥有量超过 10 标台，占比约 31%。各绿色生态城区落实情况受区域位置影响不大，受到当地政策引导和居民生活习惯影响较大，如苏中、苏北县级市的居民在交通出行方面，多选择以自行车、电动车等交通工具为主，因此公交的配置比例不高。在距离城市中心城区较远的绿色生态城区，如镇江新区、宜兴经济开发区、徐州沛县、徐州市新城区等地的居民出行选择公交更为普遍，万人公交车拥有量也较高，超过国家和省里指标要求。江苏省绿色生态城区万人公交拥有量统计如图 3-29 所示。

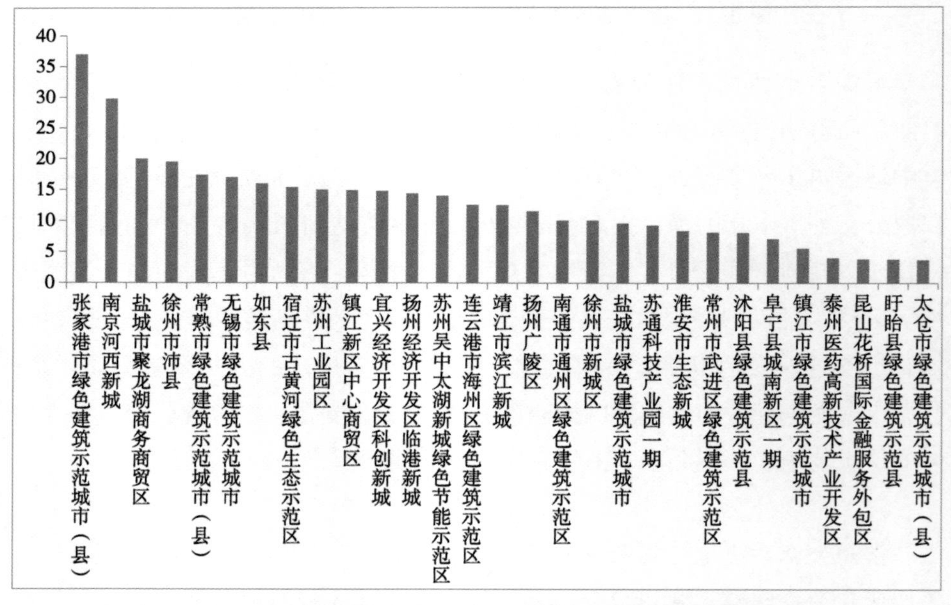


**图 3–29 江苏省绿色生态城区万人公交车拥有量统计**

2）公交站点覆盖率

公交站点覆盖率是反映城市居民接近公交程度的重要指标，亦称公共交通车站服务面积，是公交站点服务面积占城市建设用地面积的百分比，通常按 300m 半径和 500m 半径计算。2014 年，江苏省人民政府发布《关于进一步落实城市公共交通优先发展战略的实施意见》（苏政发〔2014〕80号），要求到2015年的公交站点500m覆盖率，市区人口超过300万的应达到95%以上，市区人口在100万~300万的应达到90%以上，市区人口在20万~100万的应达到85%以上。

对照省政府要求，58个绿色生态城区中仅有50%达标，公交站点500m覆盖率平均值约84.8%，苏南绿色生态城区实施情况较好，常州新北区、昆山花桥、张家港经济开发区等地覆盖率达到100%，徐州虽位于苏北地区，但由于新城区和沛县居民出行依赖于公交系统，其覆盖率也达到了100%。超过半数的新建绿色生态城区，由于入住人口尚未达到规划规模，目前的实施情况较为迟缓，站点覆盖率不高。全省绿色生态城区中，有超过63.8%的地区提出了公交站点300m覆盖率的指标要求，均约为59.8%，其中有包括昆山花桥、常州新北、泰州医药城、徐州新城区等12个绿色生态城区的覆盖率超过70%（图3-30）。

3）轨道交通、有轨电车、快速公交

大容量的轨道交通、有轨电车、快速公交（BRT）是公共交通的骨架，是保障城市公共交通出行快捷性的重要措施，是各城市大力发展的重点。2014年，江苏省人民政府发布《关于进一步落实城市公共交通优先发展战略的实施意见》（苏政发〔2014〕80号），要求到2015年城市轨道交通营运里程达到350km、快速公交营运里程达到600km。

江苏省绿色生态城区多位于城市新建区，在注重常规公交系统建设的同时也正在开展轨道交通、有轨电车、快速公交的规划建设（图3-31、图3-32）。由于轨道交通、有轨电车项目投资较高，目前已实施的项目主要集中在经济发达的苏南地区，如常州、南京、苏州、无锡等，规划建成总里程达到约440km；相较而言苏北地区的实施快速公交（BRT）较多，如盐城、连云港，总里程约601.3km。

### 3.4.2 慢行交通

慢行交通系统引导居民采用“步行＋公交”的出行方式来缓解交通拥堵现状。步行和自行车交通出行灵活、准时性高，在我国具有良好的发展基础，是解决中短距离出行和接驳换乘的理想交通方式，是城市综合交通不可缺少的重要组成部分。同时，发展城市步行和自行车交通是城市交通节能、减少碳排放和可吸入颗粒物（PM2.5）、改善环境的重要措施。

（1）步行系统

江苏省绿色生态城区通过提高城市慢行路网密度，提升城市休闲空间，

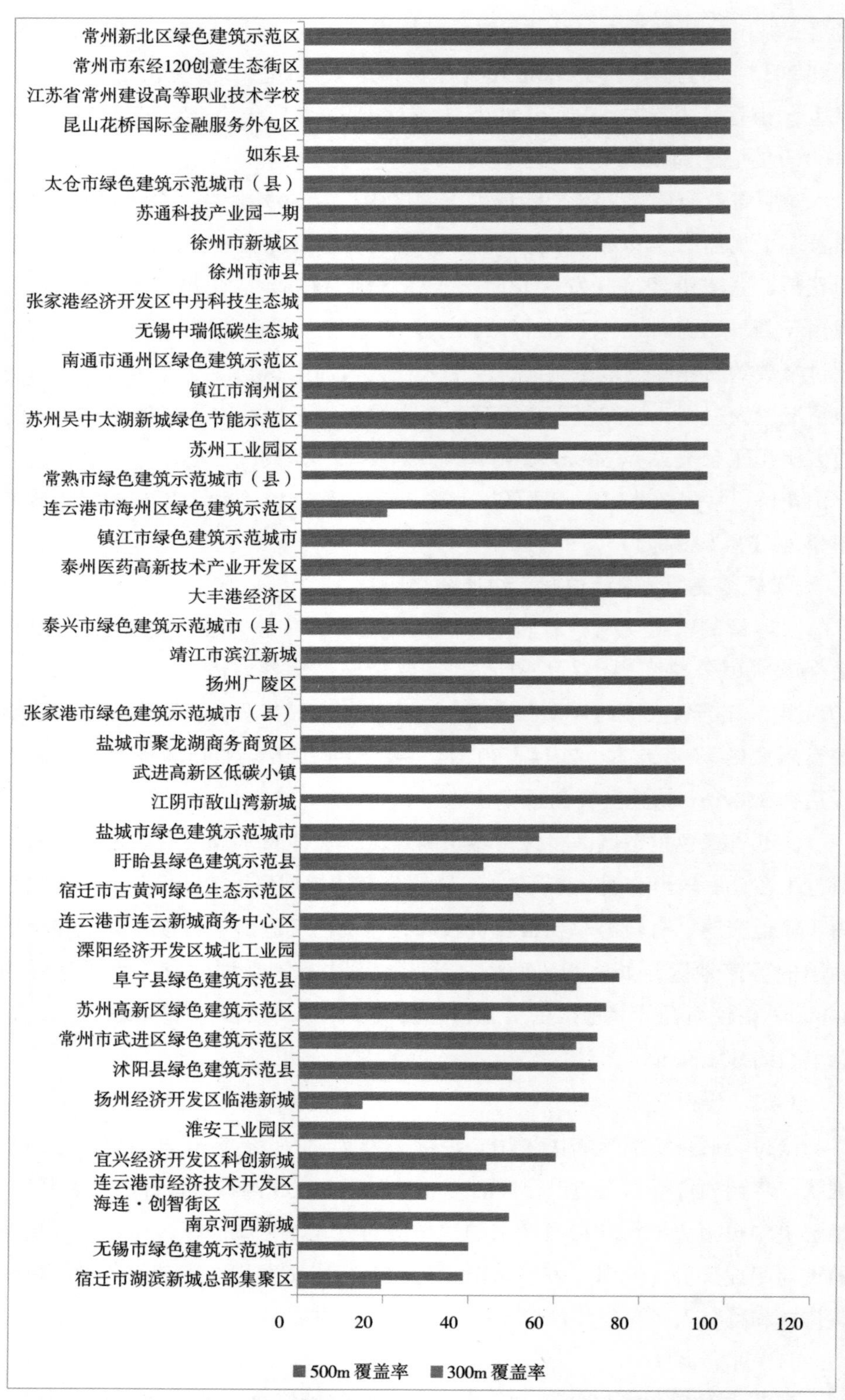


图 3–30　江苏省绿色生态城区 300m、500m 公交站点覆盖率

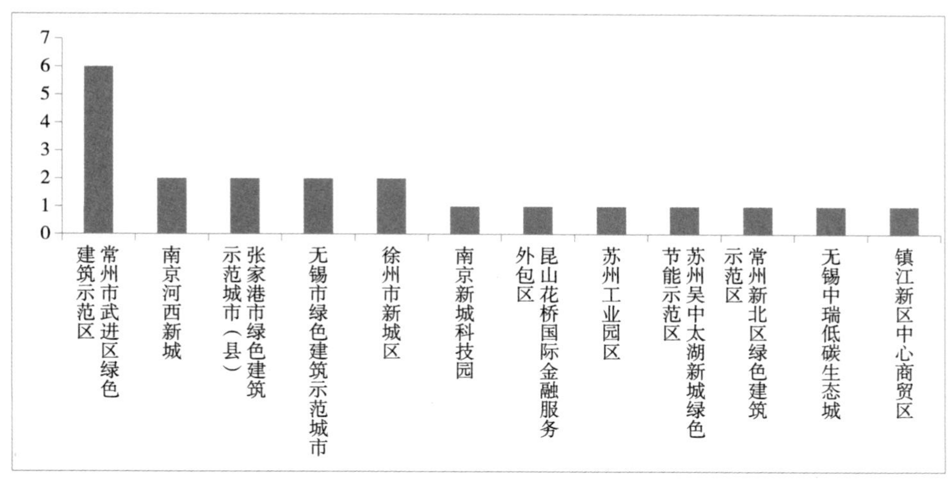


图 3–31 江苏省绿色生态城区轨道交通数量统计

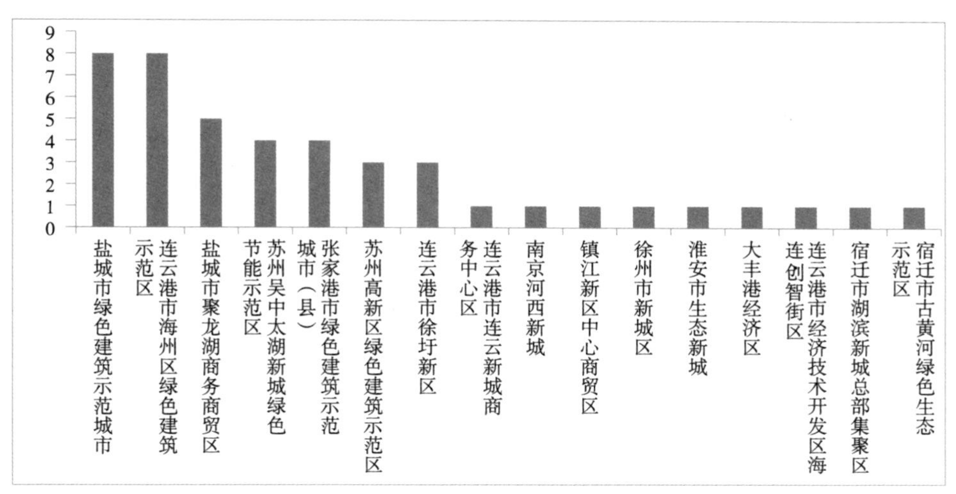


图 3–32 江苏省绿色生态城区有轨电车、快速公交数量统计

引导城市景观廊道建设，形成舒适宜人、系统连续的独立路权慢行系统，给市民提供休闲、健身的场所。江苏省绿色生态城区的慢行路网密度整体呈现“南高北低”的现状，苏南、苏中地区整体密度较高（图 3-33）。南京河西新城建立以通勤网络为主体、休闲网络为辅助、共享网络为补充的步行网络体系；镇江市根据不同区域慢行出行的特点，差异化地营造适宜的慢行交通出行空间与环境，规划建设第一楼街慢行系统、古运河慢行系统、南山绿道慢行系统等城市级特色慢行路网；苏州高新区形成由慢行专用路、全天候步行街区、风雨廊步行道、林荫道以及自由行路径构成的慢行交通系统。

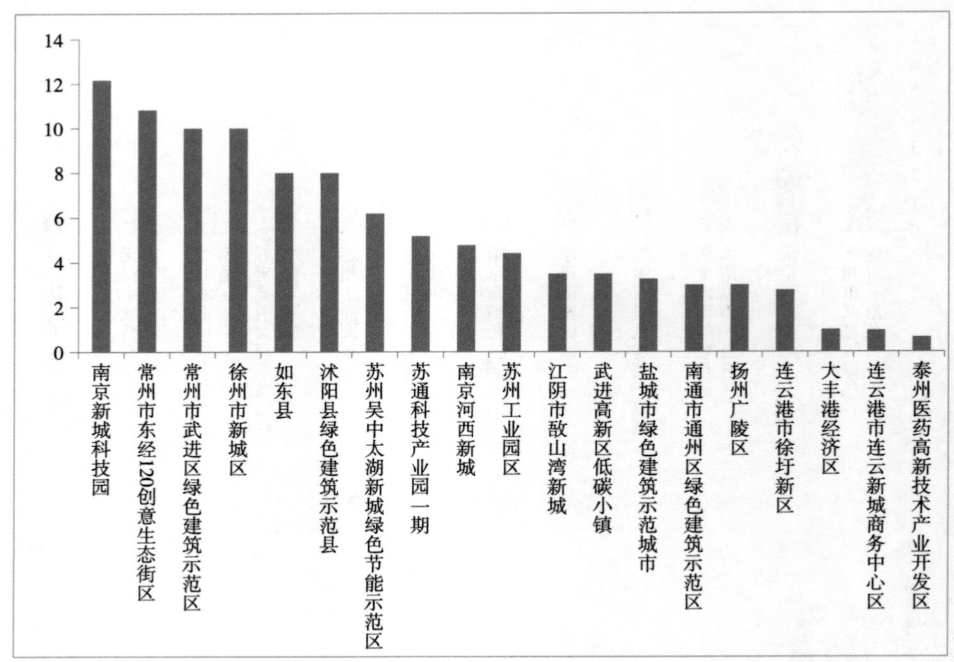


**图 3–33　江苏省绿色生态城区慢行交通路网密度**

（2）公共自行车

2014 年，江苏省人民政府发文《关于进一步落实城市公共交通优先发展战略的实施意见》（苏政发〔2014〕80 号），提出要完善步行和自行车等慢行交通系统，积极发展公共自行车，解决公众出行“最后一公里”需求。自行车系统作为市域公交出行中最后一公里的首选，应重点考虑承担接驳功能的公共自行车。公共自行车是重要的绿色交通设施，其成本投入低而社会效益大，各地都在大力推广。布设公共自行车租赁点，合理设置布点密度和规模，可以作为短距离出行主体，中长距离作为公交接驳的工具，吸引私家车出行者改变出行方式。2015 年 9 月，国家标准委开始为《城市公共自行车交通系统技术要求》国家标准拟立项征求意见，该标准的实施将为公共自行车交通服务规范发展提供技术支撑。

江苏省目前已经实现公共自行车系统在 13 个设区市的全覆盖，超过 69% 的生态城区开展了公共自行车系统建设（图 3-34）。其中苏南绿色生态城区公共自行车租赁点布点较密，无锡市 1900 个、常熟市 441 个、苏州工业园区 419 个、南京河西新城 260 个、苏州高新区 259 个等。无锡市政府采用购买服务，通过充分竞争引入性价比高的专业公司承担运营，年投入约 400 余万元；南京河西公共自行车系统通过独立运营、自负盈亏，政府补助、给

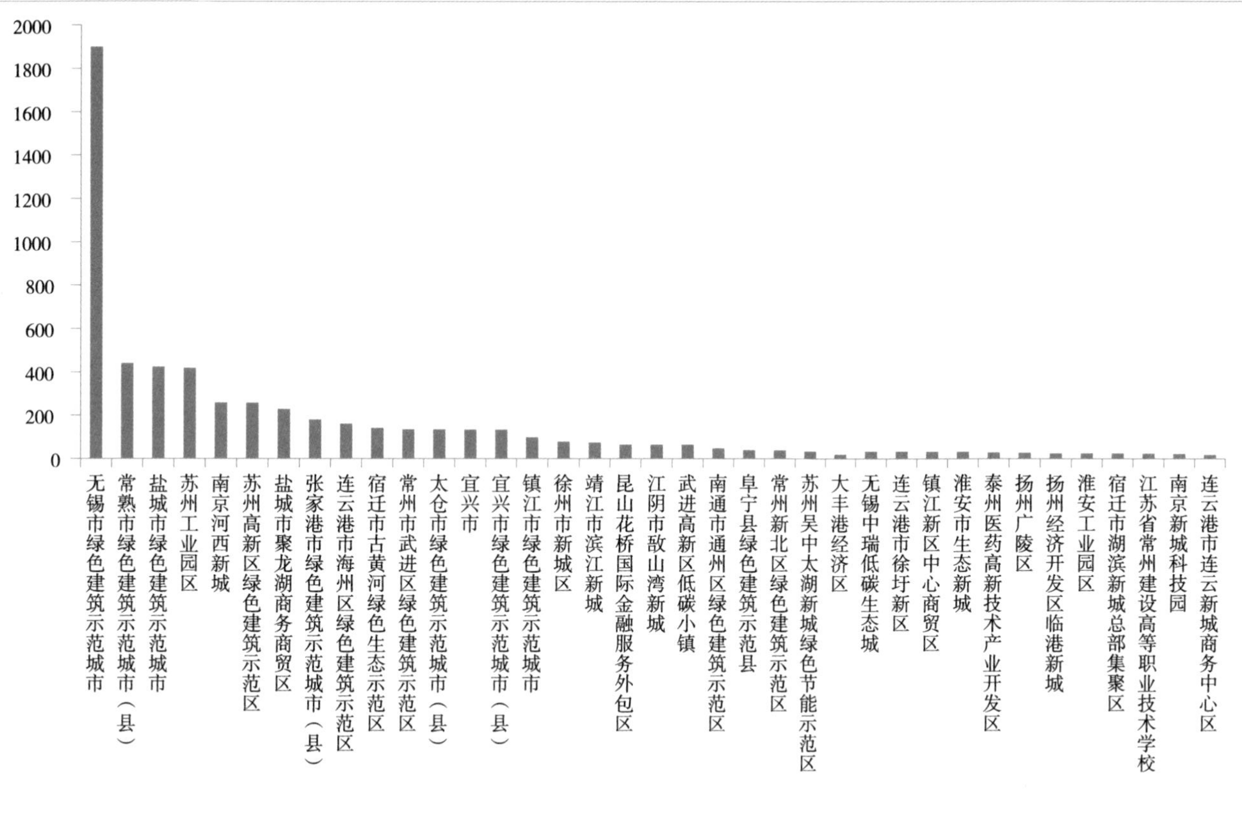


图 3-34 江苏省绿色生态城区公共自行车站点数量统计

予广告资源等政策支持，作为公益性质项目，基本能够做到收支平衡。苏北绿色生态城区的公共自行车系统正处在起步探索阶段。

### 3.4.3 静态交通

静态交通即停车设施，是城市综合交通体系的重要组成部分。切实加强停车设施规划建设与管理，构建有序停车环境，合理引导交通需求，逐步形成与城市资源条件和土地利用相协调、与公交优先发展战略相适应的可持续停车发展模式，不仅是改善城市停车状况、缓解城市停车难和交通拥堵的客观需要，更是实施节能减排战略、合理配置城市土地资源、科学引导汽车发展、促进城市可持续发展的必然要求。江苏省绿色生态城区的静态交通组织主要体现在这三个方面：停车分区，差别化停车；立体停车，集约土地；P+R 停车，停车换乘。

徐州新城区和张家港市提出停车设施分区域差别化规划、建设，根据区域交通敏感程度和空间条件等因素，制定不同标准来协调不同区域停车供需，从停车设施层面来引导交通出行方式，特别是交通枢纽周边区域限制停车供给来提高公共交通和慢行交通出行比例。

张家港中丹科技生态城、昆山市示范区、徐州新城区和苏州高新区都规划了新型生态公共停车场，结合公园绿地设置公共地下停车场。不仅建设成本较低，而且绿色环保，视觉效果良好。

此外，无锡中瑞低碳生态城、昆山市示范区和苏州吴中太湖新城还提出了结合公交枢纽或轨道站点设置 P+R 停车场。通过停车换乘的方式降低城市中心区内小汽车出行比例、提高公共交通出行比例，实现绿色出行。

### 3.4.4 智能交通

智能交通是未来交通发展的方向。它是将先进的信息技术、数据通信传输技术、电子传感技术、控制技术及计算机技术等有效地集成运用于整个地面交通管理系统而建立的一种在大范围内、全方位发挥作用的，实时、准确、高效的综合交通运输管理系统。

（1）综合交通监管平台

综合交通监管平台是集合交通基础信息采集、数据分析和监控等功能的系统平台，能帮助城市管理者全方位高效地管理城市交通运输体系，提高交通运行效率。已有超过 43.1% 的城区开展了综合交通监管平台建设，其中苏中地区达到 88.9%，苏南地区仅有 36.7%，苏北地区为 31.6%（图 3-35）。综合各地监管情况来看，平台主要监管内容有：①完善道路信息采集和监控系统。可通过线圈数据、出租车载 GPS 系统采集数据。增加道路监控设施，实现对车辆和重点路段的实时监控；②监理道路交通信息综合平台，并完善交通数据汇集机制。远期实现与公交信息、物流信息等融合，实现综合交通信息数据整合采集、处理、应用和发布；③实现各类道路交通信息的及时发布，为出行者提供便利信息。

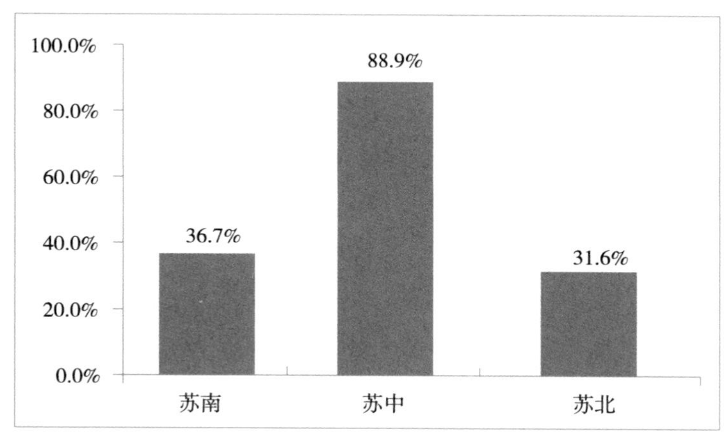


**图 3-35　江苏省绿色生态城区综合交通监管平台建设情况统计**

泰州医药高新技术产业开发区通过建立智能信号控制系统，近期可对泰高路实施实时感应式的“绿波交通”信号控制方案；远程实现区域监控。

盐城城南新区公共场所、公交站台和公共配套内设置城市信息查询系统，包括方位查询、停车查询、公交查询等多种功能，方便市民的使用。

镇江市全面推行智能交通管理，提升交通运行效率。优化交通信号控制系统，在主干道实施“潮汐绿波”。

张家港的“智慧城管”以“数字化城管”平台为基础开发建设，同时整合了“城管 OA 系统”和“停车诱导系统”等系统资源，以实际应用为导向，建设智能交通信息服务系统，中心城区道路交通全程电子监控率、中心城区停车设施诱导系统设置率、中心城区主干路动态交通道路诱导系统设置率、主要枢纽及客流集散点智能出行信息查询终端设置率及实时交通信息数字化率均达到 100%，实现执法管理科技化、停车诱导智能化。

（2）智能化公交系统

智能化公交系统具有有效的数据管理和分析能力，操作型数据管理和分析型数据管理。目的是保障公交日常运营的高效管理、规划和调度的科学决策分析，以及对公众提供高质量的信息咨询服务；并且对管理者提供的实时系统状态查询、历史数据分析服务，支持决策者制定交通发展政策及规划的宏观信息分析等。

江苏省绿色生态城区通过智能化公交系统建设，调度城市公交，提升公交运营效率。已有超过 55% 的地区开展了智能化公交系统建设，其中苏南地区最高，为 56.7%（图 3-36）。综合各地系统建设情况，智能化公交系统主要内容包括：①建立公交信息服务框架体系；②实现公交信息发布，途径包括公交站点信息、手机信息、网站信息等；③发展公交智能调度，提高公交企业经营管理和服务水平。

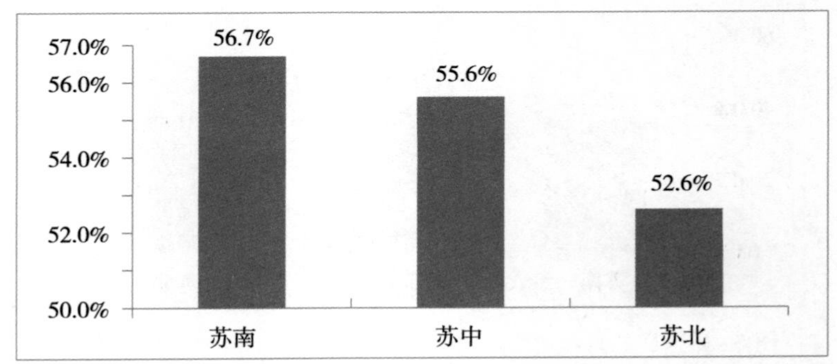


**图 3-36　江苏省绿色生态城区智能化公交系统建设情况统计**

3.4.5　新能源交通

新能源汽车是指采用非常规的车用燃料作为动力来源（或使用常规的车用燃料、采用新型车载动力装置），综合车辆的动力控制和驱动方面的先进技术，形成的技术原理先进、具有新技术、新结构的汽车。

2012 年，国务院印发《节能与新能源汽车产业发展规划（2012~2020 年）》，以落实国务院关于发展战略性新兴产业和加强节能减排工作的决策部署、加快培育和发展节能与新能源汽车产业。2013 年国务院常务会议讨论通过的《关于加快发展节能环保产业的意见》，高度重视新能源汽车产业发展，将发展新能源汽车确定为国家战略。2013 年 9 月，财政部、科技部、工信部、发改委四部委联合出台了《关于继续开展新能源汽车推广应用工作的通知》，积极推广新能源车辆及配套设施建设。规定 2013~2015 年，特大型城市或重点区域新能源汽车累计推广量不低于 10000 辆，其他城市或区域累计推广量不低于 5000 辆。2015 年 3 月，交通运输部发布《关于加快推进新能源汽车在交通运输行业推广应用的实施意见》[ 交运发〔2015〕34 号 ]，要求加快推进新能源汽车在交通运输行业的推广应用。至 2020 年，新能源汽车在交通运输行业的应用初具规模，在城市公交、出租汽车和城市物流配送等领域的总量达到 30 万辆；

新能源汽车配套服务设施基本完备，新能源汽车运营效率和安全水平明显提升。

江苏省绿色生态城区积极开展新能源公交置换工作，以 LNG、纯电动公交车等替代传统公交车，大大降低公交车运行过程中产生的碳排放。全省 58 个绿色生态城区中，有 63.8% 的地区开展了新能源公交车置换工作，累计完成了 5111 辆新能源公交车置换。徐州沛县、徐州新城区、淮安生态新城三个苏北地区由于原有公交车数量基数小，加上大力的补贴政策，现区内新能源公交比例最高，分别为 100%、80%、80%；苏南绿色生态城区内新能源公交车比例平均约在 35% 左右，其中苏州高新区比例最高，达到 75%（图 3-37）。苏州高新区对新能源车辆的配套设施进行了规划建设，通过配置相应的配套充能设施为区域的新能源车辆出行提供基础能源支撑。结合公交场站、公共停车场、配建停车场或加油站等用地合理布局充能设施，有效促进新能源车辆的普及和推广。

## 3.5 城市水资源

随着城市发展速度的日益加快，水资源需求量急剧增加，水资源紧缺问题日益凸显。在《关于推进节约型城乡建设工作意见的通知》的指导下，江苏省绿色生态城区以节约水资源为出发点，充分响应国家在绿色生态城区发展、海绵城市建设方面的政策要求，积极探索有特色的水资源综合利用之路。

2009 年，江苏省政府办公厅转发《江苏省住房和城乡建设厅关于推进节约型城乡建设工作意见的通知》（苏政办发〔2009〕128 号），提出了深入开展节水型城市、小区创建；大力推广再生水、雨水的使用；加快城市供水管网改造等要求。2011 年，中共江苏省委、江苏省人民政府印发《关于推进生态文明建设工程的行动计划的通知》（苏发〔2011〕26 号），提出到 2015 年，建设和恢复湿地 25 万亩，全省水面率不低于 16.9%。2014 年 10 月，住房和城乡建设部发布《海绵城市建设技术指南——低影响开发雨水系统构建（试行）》（以下简称《指南》），同年，财政部、住房和城乡建设部、水利部联合发布《关于开展中央财政支持海绵城市建设试点工作的通知》（财建〔2014〕838 号），正式把海绵城市作为城市建设领域一项重点创新工作来抓。2015 年 7 月，江苏率先发布首部绿色建筑立法，《江苏省绿色建筑发展条例》对水资源综合利用规划编制、新建建筑雨水收集利用系统建设制定了明确要求，保障了城市水资源综合利用的技术和设备基础。2015 年三部委组织申报并公布了首批海绵城市建设试点城市名单，以财政资金大力支持海绵城市的创建。

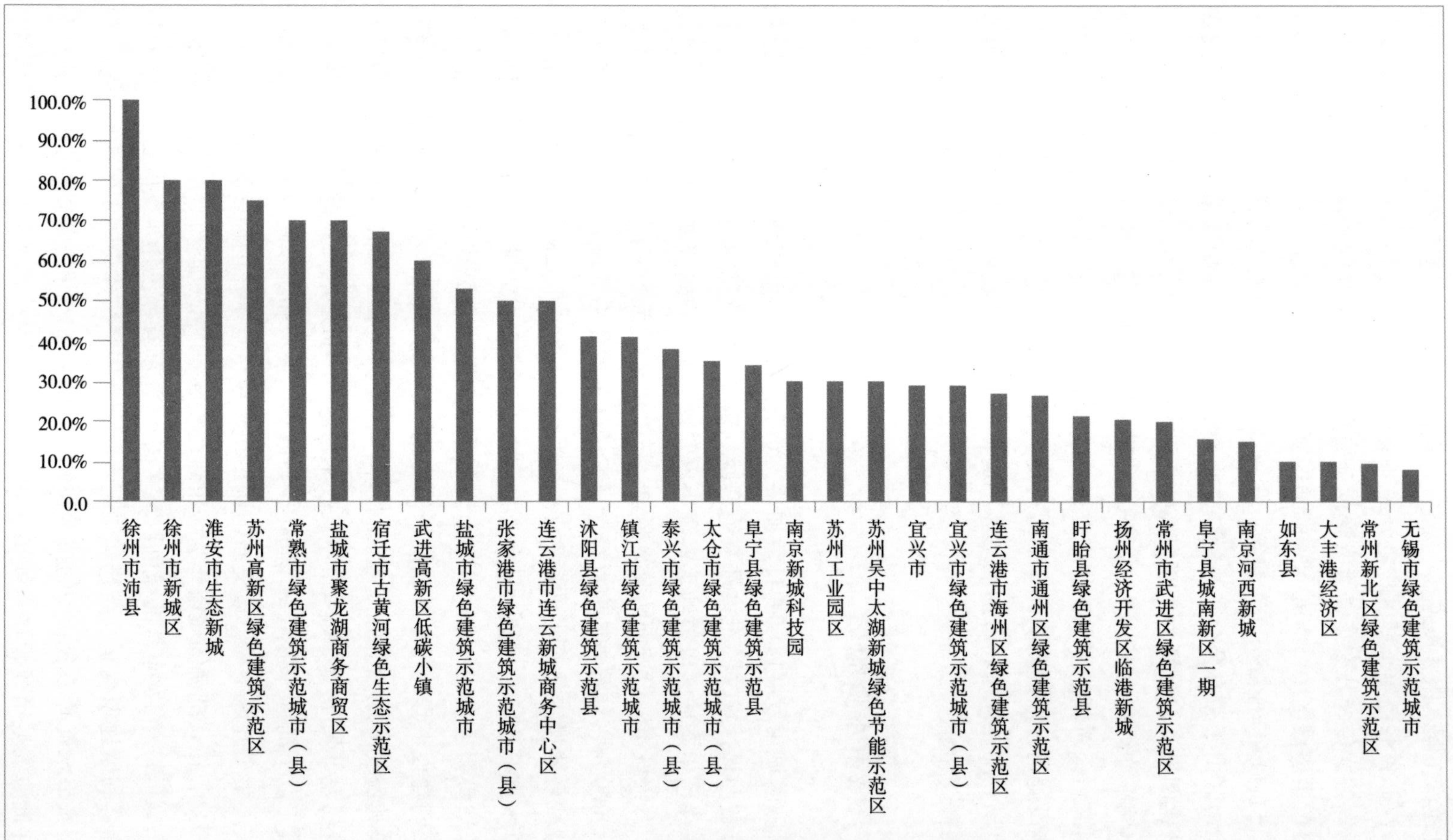


图 3-37　江苏省绿色生态城区新能源公交车比例

目前镇江市成为江苏首个国家级海绵城市试点城市，相关部门已组织省级海绵城市示范的创建，并积极推进相关配套政策的编制。

江苏省绿色生态城区以“低影响开发”为规划建设理念，以建筑节水、海绵城市试点为抓手，开展城市水资源保护和综合利用，如图 3-38~ 图 3-40 所示。有 36 个城区的相关规划覆盖水资源利用关键指标，规划内容和指标覆盖全面，有效指导了重点建设工作的落地。32 个城区对水资源利用的重点内容予以落实，经计算，城市水资源综合利用关键指标的实施度全部高于 70%，海绵城市关键指标的实施度全部高于 88%，较高的综合实施度保障了城市水资源综合利用工作的水平和质量。就单项工作来看，苏州工业园区、靖江市滨江新城、常熟市绿色建筑示范城市（县）、泰州医药高新技术产业开发区、常州新北区绿色建筑示范区等地区在城市供水管网漏损率控制方面表现突出，不仅建立了自来自供水管网智能化监控系统，还设立多个检漏水表分段分级监测供水管网漏损情况。再生水利用方面，江苏省常州建设高等职业技术学校、张家港市(张家港经济技术开发区中丹科技生态城)、无锡市先行先试，率先开展再生水回用的入户试点，用于办公建筑、学生宿舍的冲厕，系统及管网敷设工作完成情况良好。如东县、连云港市徐圩新区开展了再生水工业利用的有益尝试。江苏的绿色生态城区在海绵城市建设方面取得了较好成果，其中透水地面铺设、生态湿地建设和雨水回收利用的实施率均超过 95%。12 个城区的透水铺装总面积达 18.2km$^2$，预计市政雨水利用总量可达 75.5 万 m$^3$/ 年，相当于 1.7 万人一年的生活用水量（按 120L/（天•人）计算。

### 3.5.1 给水系统优化配置

为实现水资源可持续利用，应合理利用现有的水资源，提高用水效率和效益，建设节水型社会。管网漏损是目前城市水资源隐形浪费的主要因素，据《江苏省城市供水 2015 年度发展报告》，全省城市管网面上漏损率达到了 13.41%，高于 12% 的国标要求。造成管网漏损的原因主要包括：管道材质差、年久失修，施工不规范，荷载不均匀，布局不合理，野蛮施工挖断管道、消火栓破坏等。绿色生态城区把给水系统优化配置作为水资源综合利用的首要前提，主要对控制城市管网漏损率相关指标开展调研分析。

（1）自来水管网智能化监控系统

城市可以通过改造老旧管道、加强管网检测和压力控制，安装检漏水表等方式控制和降低管网漏损率。对统一规划、集中建设的绿色生态城区来说，建设自来水管网智能化监控系统是一种高效，可持续的控制漏损率方式，也是绿色生态城区智慧化建设的组成内容。江苏有 19 个绿色生态城市或城区建

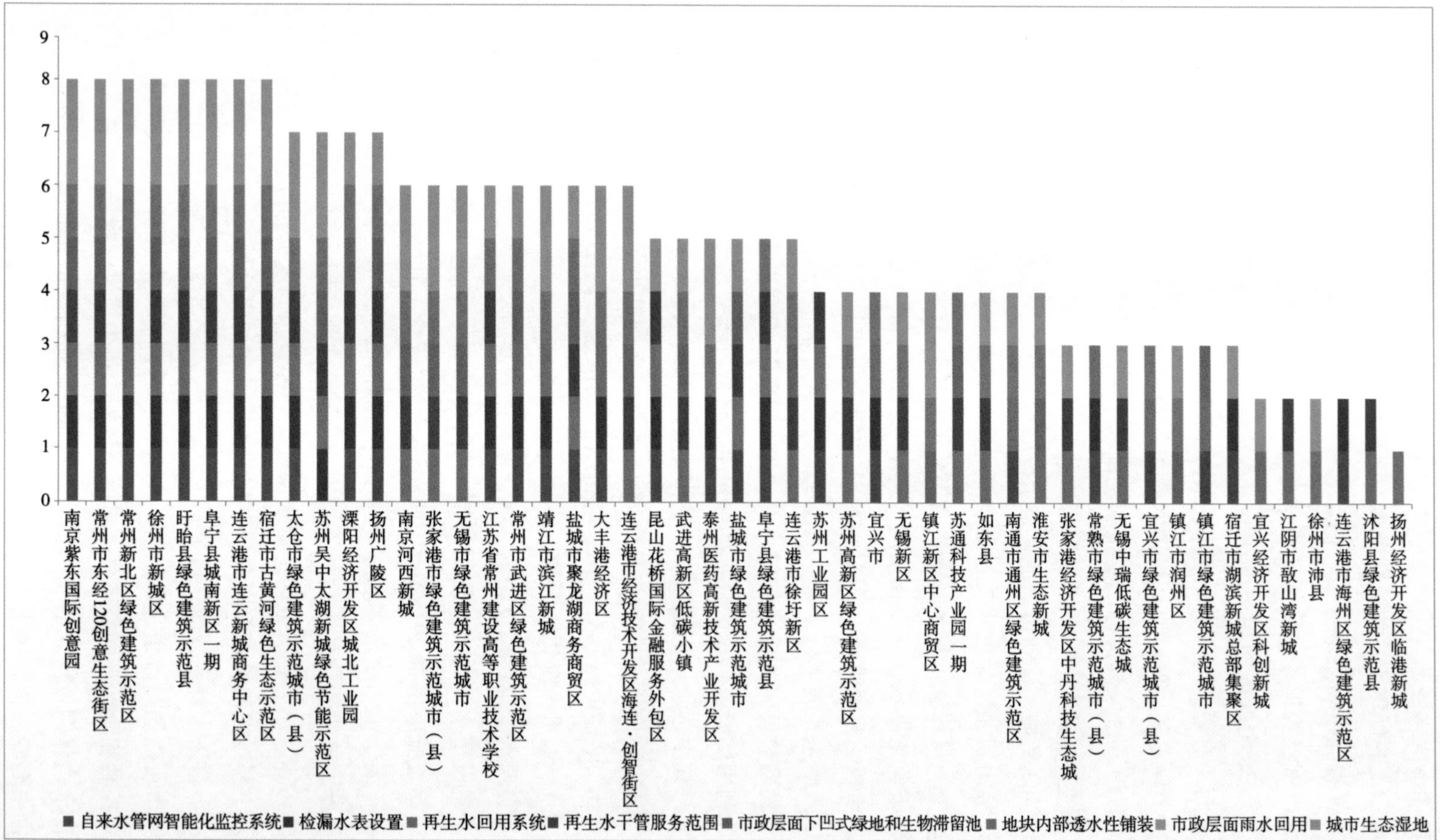

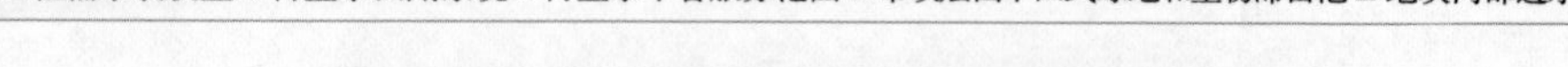


图 3–38　江苏省绿色生态城区水资源利用规划情况统计

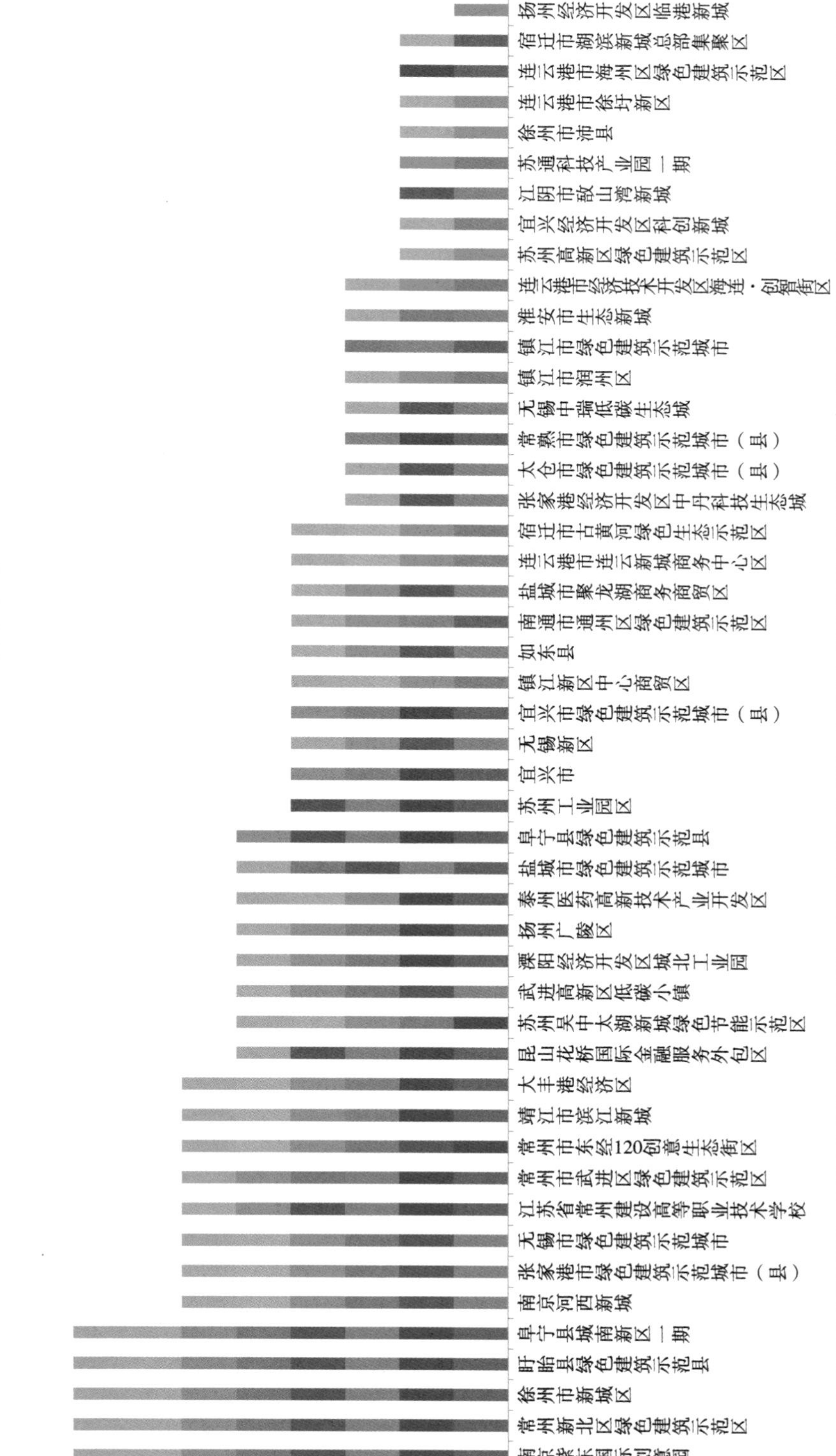


图 3-39 江苏省绿色生态城区水资源利用实施情况统计

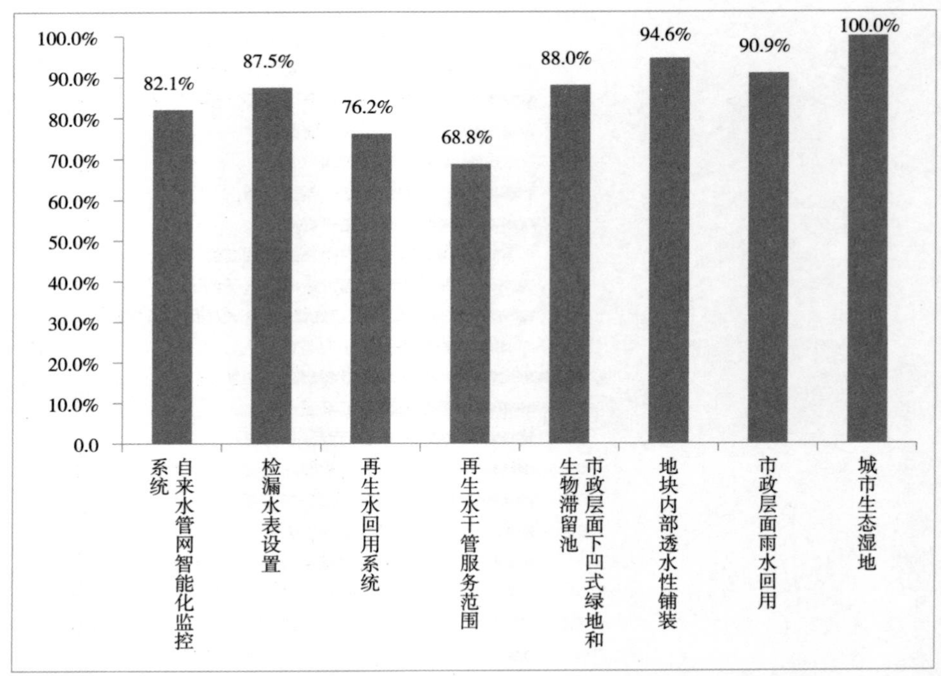


**图 3–40　江苏省绿色生态城区水资源利用指标实施度**

设了自来水管网智能化监控系统，其中 12 个为小范围示范区域（规划面积小于≤ 50km²）（图 3-41）。值得提出的是，苏北城市城区的自来水管网监控系统建设取得规模化成果，盐城市、徐州市新城区、连云港海州区、盐城阜宁县的自来水管网智能化监控系统数量在全省处于领先水平。

（2）检漏水表设置

设置检漏水表是检测自来水供水管网漏损情况最有效的方式，表具经系统化设置安装，经过对同一管道上各表具间数据对照，可以有效发现供水管网的漏水点。带远传功能的检漏水表可作为自来水管网智能化监控系统的组成部分，并通过数据统计得出区域的管网漏损率。

苏州工业园区、靖江市滨江新城、泰州医药城的检漏水表设置数量均超过 100 块（图 3-42）。有效保障了对供水管网各主管、支管段的计量和监测。其中苏州工业园区通过建立 SCADA（数据采集与监视控制）系统和管网 GIS 系统，同时设置了 47 个分区流量计及 283 个小区总表，及时发现管网的漏损并进行修复，大大降低了管网的漏损率。2014 年园区管网漏损率为 4%，远远低于国标和全国大部分城市指标，达到发达国家先进水平。

3.5.2　再生水利用

随着社会经济的快速发展和人口的持续增长，居民生活和工农业生产的

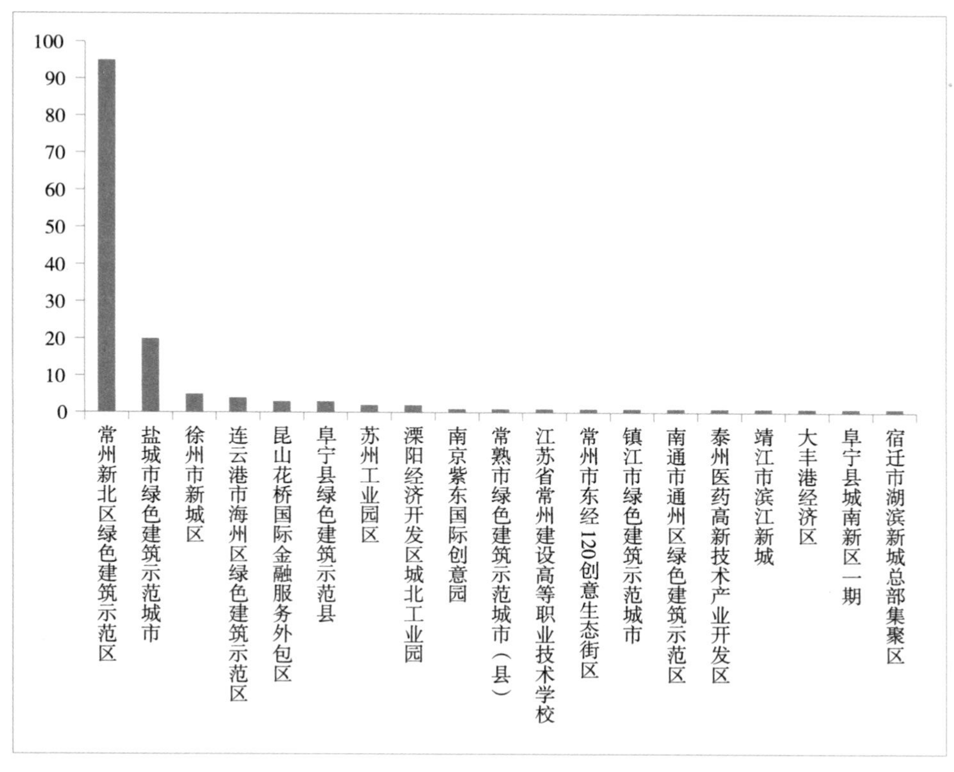


图 3-41　江苏省绿色生态城区自来水管网智能化监控系统实施规模

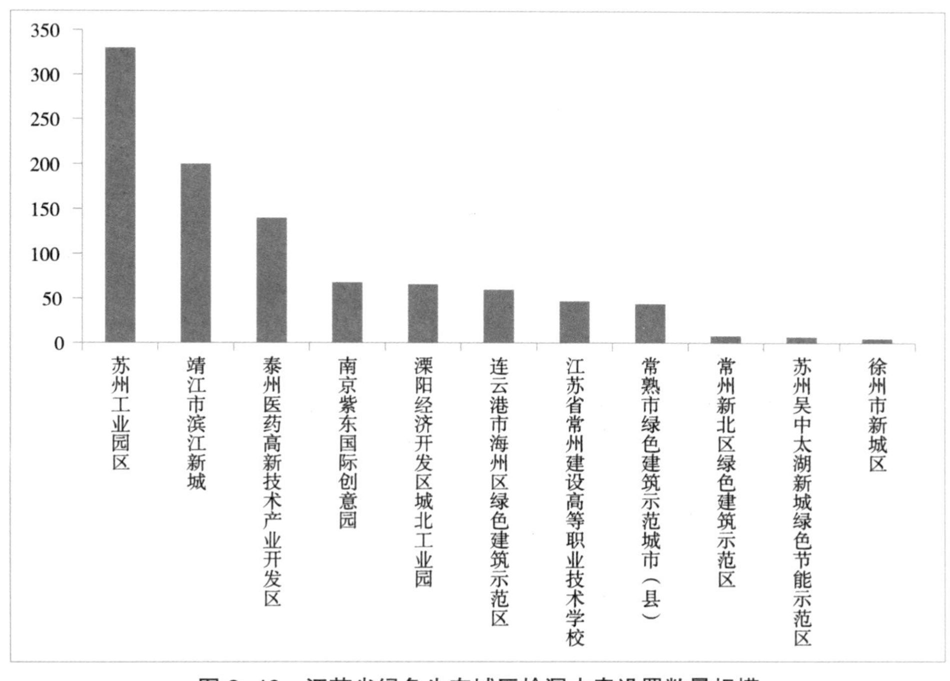


图 3-42　江苏省绿色生态城区检漏水表设置数量规模

水资源利用量、废污水排放量呈不断上升趋势，这导致江河湖泊水资源承载能力与水环境承载能力不足。由于水资源日益紧缺和承纳水体水质的要求，污水再生利用已成为解决绿色生态城区水资源严重短缺问题、控制绿色生态城区开发过程中环境恶化的有效措施。

经过对江苏省绿色生态城区市政层面的再生水回用系统调研，了解到76.2%的绿色生态城区已落实或正在落实建设再生水回用系统。截至2015年底，有16个绿色生态城区建成再生水处理系统并开展利用，全年总利用量达到2.5亿t。13个绿色生态城区完成了再生水干管敷设，管网总长度达198km，服务区域面积可达263.9km$^2$（图3-43）。其中江苏省常州建设高等职业技术学校、张家港市、连云港市徐圩新区管网敷设密度分别达到6.4km/km$^2$，3.9km/km$^2$，2.9 km/km$^2$。这16个城区中，张家港市再生水处理中心是全省首个只供应建筑的市政再生水处理中心，主要供给张家港经济技术开发区高职园区使用，用于建筑冲厕、道路浇洒和绿化灌溉。截止至2015年9月底，运行满1年，日均供水量稳定在200t左右。苏州工业园建成设计能力分别为1万m$^3$/日和2万m$^3$/日的两个再生水回用项目，再生水主要供给“苏州工业园区中法环境技术有限公司”，用作冷却用水和污水厂内清洗绿化用水，每天用量约5000t，年用水量为197.85万t。

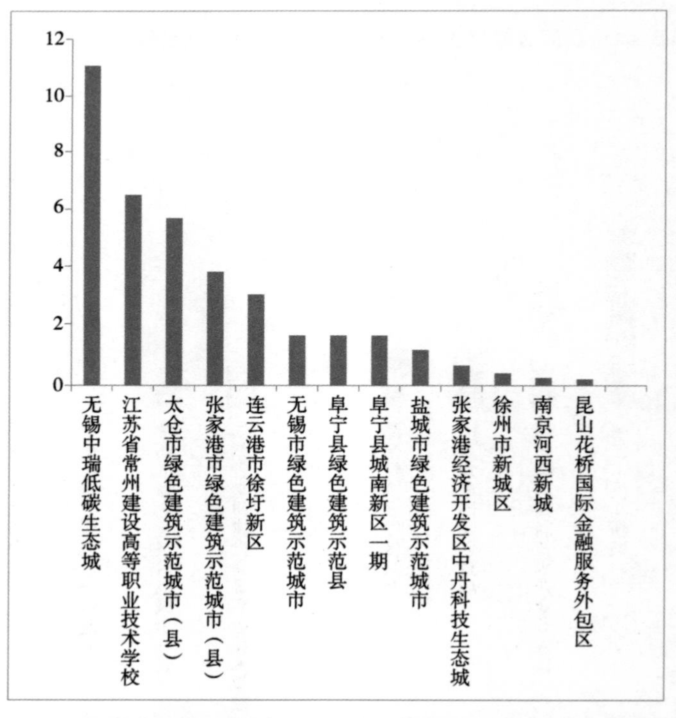


图3-43 江苏省绿色生态城区再生水干管敷设密度（单位：km/km$^2$）

目前再生水使用途径多为道路浇洒和绿化灌溉，部分地区作为工业冷却水，仅个别地区将再生水引入建筑内部用于冲厕。再生水利用率相对较低。

导致再生水利用率不高的原因有三方面，一是由于江苏地处长江中下游，降雨量相对充沛，对水资源紧缺情况认识不足；二是相比雨水回用系统，再生水处理系统成本投入较高，因此虽然 77% 的绿色生态城区规划了市政再生水处理设施，但实际投入建设运营的项目不多；三是由于缺乏规模化效应，市政再生水相比传统供水价格高，再加上水质供应存在不稳定因素，社会接受程度低。

### 3.5.3 海绵城市建设

海绵城市是新的城市雨洪管理概念，其内涵为城市在适应环境变化和应对雨水带来的自然灾害等方面具有良好的"弹性"。住房城乡建设部《指南》中提出构建低影响开发雨水系统，规划控制目标一般包括径流总量控制、径流峰值控制、径流污染控制、雨水资源化利用等。2015 年 7 月，江苏省住房和城乡建设厅发布《关于推进海绵城市建设的指导意见》( 苏建城 [2015] 331 号 )，提出充分认识海绵城市建设的重要意义，分类实施海绵城市项目，以及提高城市绿地系统的雨水吸纳能力，推进海绵型公园绿地建设、推进海绵型道路和广场建设、推进公共项目的海绵型建设等重点工作。绿色生态城区规划建设关注的是中观层面的市政设施和建筑建设（对应《指南》中的建筑与小区、城市绿地与广场内容），结合江苏的地域特点，将对城市径流的控制落地为对海绵型公园、绿地、广场的规划建设要求，并对雨水收集利用系统建设和雨水回用量进行考察。

（1）市政层面下凹式绿地和生物滞留池

下凹式绿地和生物滞留池是最典型的滞留、净化初期雨水，促进雨水入渗的方案，适合城市公园、绿地、广场采用。在调研中，对类似的渗井、湿塘和小型雨水湿地、前置塘、植被缓冲带、植草沟建设都纳入统计。对新建绿色生态城区来说，这种方案具有易实施，无增量成本的优势。但是由于形式不同于传统市政工程方案，对基本完成市政绿地广场建设的城区或局部片区来说，落实难度较大。江苏省绿色生态城区中约有 47.2% 的城区规划了相关内容，其中 88% 的城区落实了相关建设工作（图 3-44）。下凹式绿地和生物滞留池规划和实施比例偏低的原因是由于海绵城市及相关技术措施是近 2 年新兴的城建理念，较早完成水资源综合利用规划的城区对海绵城市相关内容考虑较少或不成体系，在早期建设过程中还没有考虑系统化的建设工作。

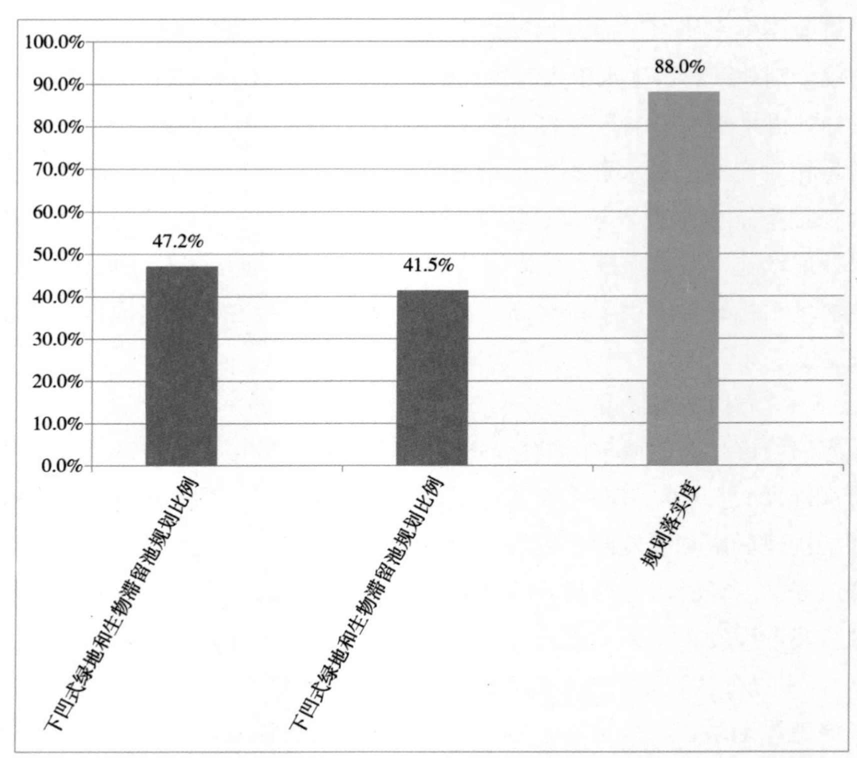


**图 3-44 江苏省绿色生态城区市政层面下凹式绿地和生物滞留池规划实施情况**

（2）地块内部透水性铺装

透水性铺装一直是绿色建筑相关技术标准中维持场地生态的一项重要内容。《绿色建筑评价标准》（GB/T 50378-2014）中把硬质铺装中透水铺装面积比例达到 50% 作为得分项。《江苏省绿色建筑设计标准》（DGJ32/J 173-2014）中提出绿色雨水基础设施设计的重要性，并把雨水渗透铺装作为设施的主要内容之一。江苏省常州建设高等职业技术学校等 23 个绿色生态城区重视对新开发地块透水地面比例的要求，通过将相关比例纳入地块出让条件，鼓励市政项目提高透水地面面积比等措施，完成了较好的成果，透水铺装总面积达 1.8km²。江苏省绿色生态城区地块透水性铺装密度如图 3-45 所示。

（3）市政雨水回用

市政层面的雨水回用，主要依赖景观水体的雨水收集功能，主要用于市政道路浇洒和绿化灌溉。目前江苏省 43.4% 的绿色生态城区实施了市政雨水回用，年回用总量达 75.1 万 t，不到半数，实施比例偏低。调研了解到，雨水回用的落实主要受到设备初始成本、运营管理成本、使用安全性和便利性的影响，而运营管理阶段存在的投入高、使用问题，对雨水收集利用量影响较大。

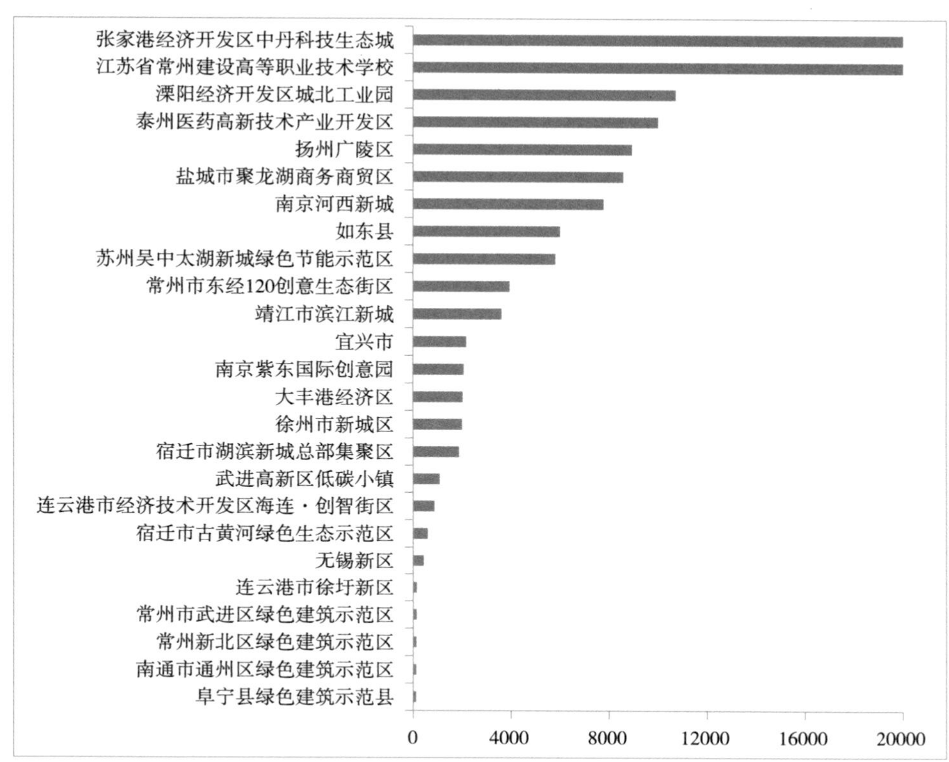


图 3-45 江苏省绿色生态城区地块透水性铺装密度（单位：$m^2/km^2$）

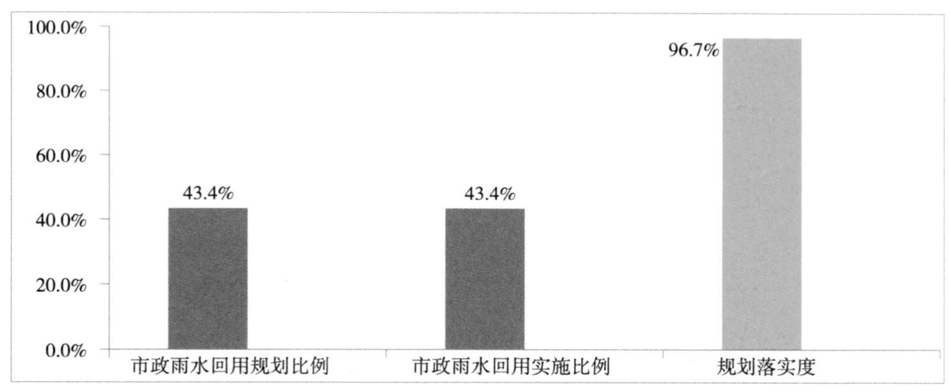


图 3-46 江苏省绿色生态城区市政层面雨水回用规划实施情况

《江苏省绿色建筑发展条例》中规定：规划用地面积 2 万 $m^2$ 以上的新建建筑，应同步建设雨水收集利用系统。《条例》发布后，所有绿色生态城区的新建项目按照要求进行施工图审查，规范雨水收集利用系统的建设，为了保障雨水收集系统收集到的雨水真正投入使用，需要管理部门和物业单位共同研究制定相应对策。江苏省绿色生态城区市政层面雨水回用规划实施情况如图 3-46 所示。

（4）城市生态湿地

生态湿地是表征城市生态环境水平的重要自然资源，江苏地处长江下游，东部临海，西部和南部水网密布，城市生态湿地建设情况是彰显本地生态平衡维护特色与水平的指标。《绿色生态城区评价标准》（GB/T 51255-2017）中把城区湿地资源保存率作为得分点。有 34 个绿色生态城区规划了城市生态湿地，占生态城区总量的 64.2%，其中 97.1% 的城区落实了规划内容，建成生态湿地 76 个，总面积达 1775.5 km²（图 3-47）。这些生态湿地对增强城市雨水调蓄能力，消纳径流雨、净化水体、增强"海绵"特性具有显著作用。

在城市生态湿地建设中，苏南苏北呈现出不同的特点。苏南的生态湿地多在城市原始水系基础上拓展优化形成，如昆山花桥国际商务城的吴淞江湿地公园、天福湿地公园，采用物理沉淀、有氧曝气、植物过滤、根系吸收等一系列净水策略，因地制宜地实现了本地生态修复；无锡太湖新城构建了"三纵三横"的湿地系统，其中 60% 已经建设。重点修复水体生态环境，提高水体净化能力，提升水体水质，减轻城市雨水处理系统的负荷。以沛县安国湿地为代表的苏北生态湿地建设，主要是对受破坏较严重的生态环境进行修复。安国湿地利用煤矿塌陷地建设有自净和雨洪调控能力的湿地公园，解决当地尾水出路，实现资源再利用。湿地系统处理后水质达到地面水Ⅲ类水体水质要求，用于沛县西部干旱农业灌溉、建设道路、园林绿化及基础服务配套工程等。

## 3.6 城市固体废弃物

城市固体废弃物是指人在生产、消费、生活和其他活动中产生的固态、半固态废弃物质，主要包含生活垃圾、餐厨垃圾、建筑垃圾、电子垃圾、有毒有害垃圾、一般工业固体废弃物、园林绿化垃圾、河道淤泥等。

固体废弃物的处理应以减量化、资源化和无害化的"三化"原则为固体废物处理与管理的根本原则和指导方针，通过政策引导、设施建设和科学管理，最大限度减少固体废物的产生，回收可利用的资源，并避免对环境的污染和对人群的影响。对适宜分散处理并资源化的固体废物，鼓励就近回用或资源化利用，实现固体废物资源化的分散式微循环。通过采用先进的管理理念和管理水平实现固体废物处理系统的高效运行，对固体废物产生、分类、收集、中转、运输、处理、资源化和处置全过程进行科学管理与监督，以确保减量化、资源化和无害化的执行效果。鼓励固体废物处理处置采用低能耗、低排放技术或设施，鼓励与其他基础设施合并规划建设，节约资源与能源，

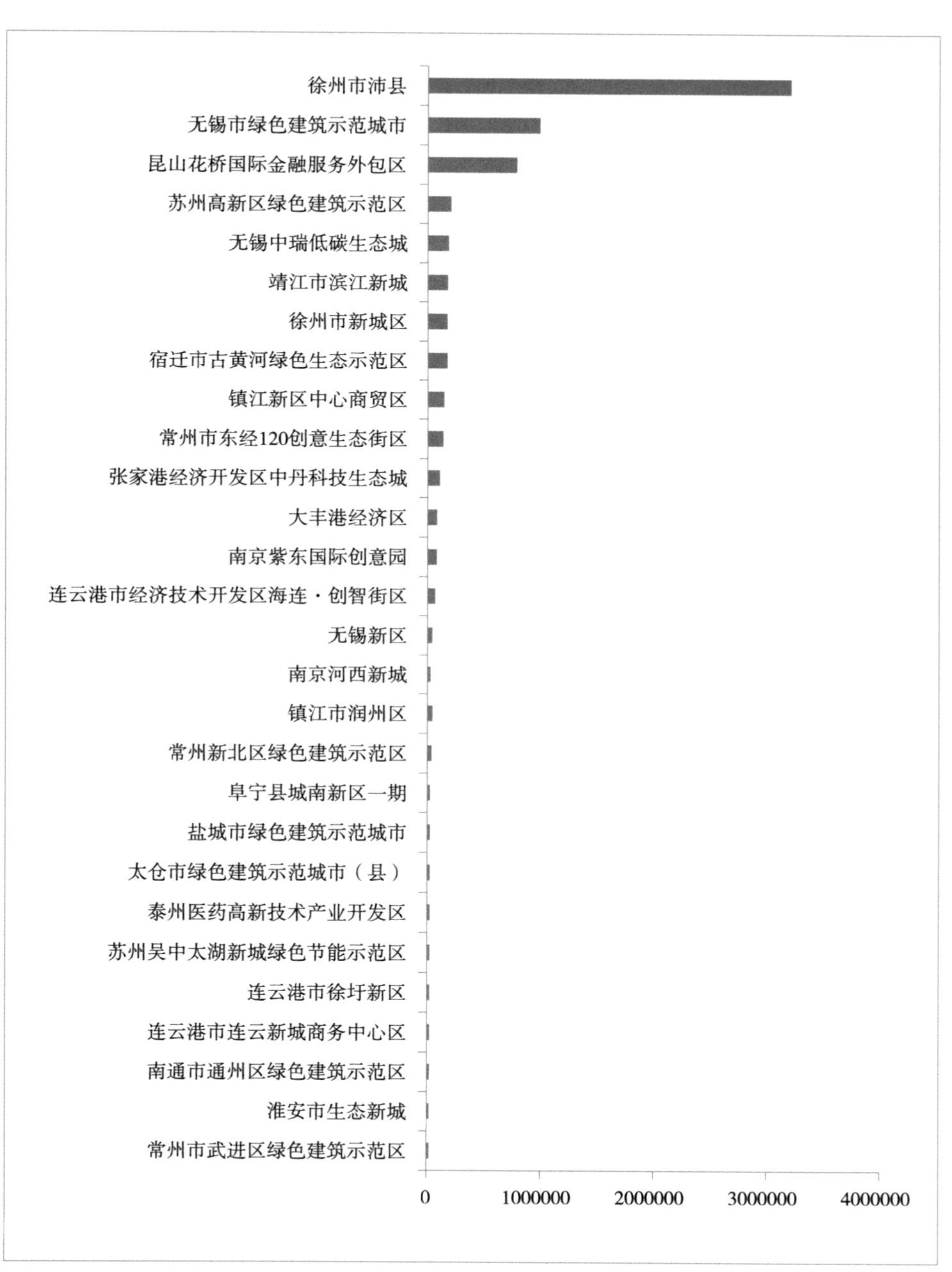

图 3-47　江苏省绿色生态城区生态湿地密度（单位：$m^2/km^2$）

实现自然、资源和效益的统一。

为推进城市固体废弃物系统处理，江苏省出台了一系列政策法规。2009年，省政府发布《关于推进节约型城乡建设工作意见的通知》，提出积极推进建筑垃圾资源化利用，探索符合江苏省实际的垃圾分类收集与再生利用机制，积极试点推行建筑垃圾与餐厨垃圾的集中收运和资源化利用。2010年，《江苏省固体废物污染环境防治条例》实施，对于固体废弃物的防治及其监督管理做出了具体的规定。2016年，江苏省省委、省政府发布的《关于进一步加强城市规划建设管理工作的实施意见》中，提出建立建筑垃圾、餐厨废弃物、园林废弃物的回收和再利用体系，运用简便、易行的有效方法，推进生活垃圾分类收集处理、就地减量和资源化利用的要求。

江苏省绿色生态城区规划建设主要关注生活垃圾分类收集、建筑垃圾回收利用、垃圾焚烧发电、餐厨垃圾资源化利用等内容（图3-48~图3-50）。在生活垃圾分类收集方面，54个绿色生态城区将生活垃圾分类收集单项纳入固体废弃物规划，占比达93.1%；51个城区建设实施了生活垃圾分类收集系统，占比达87.9%。在建筑垃圾回收利用方面，34个城区将建筑垃圾回收利用单项纳入固体废弃物规划，占比达58.6%；31个城区将建筑垃圾回收并资源化利用，占比达53.5%。在餐厨垃圾资源化利用方面，31个城区将餐厨垃圾资源化利用单项纳入固体废弃物规划，占比达53.5%；26个城区对餐厨垃圾进行资源化综合处理处置，占比达44.8%。总体来看，电子垃圾、家具类大件垃圾、一般工业固体废弃物处理处置等指标的规划度偏低，实施比例小于20%。

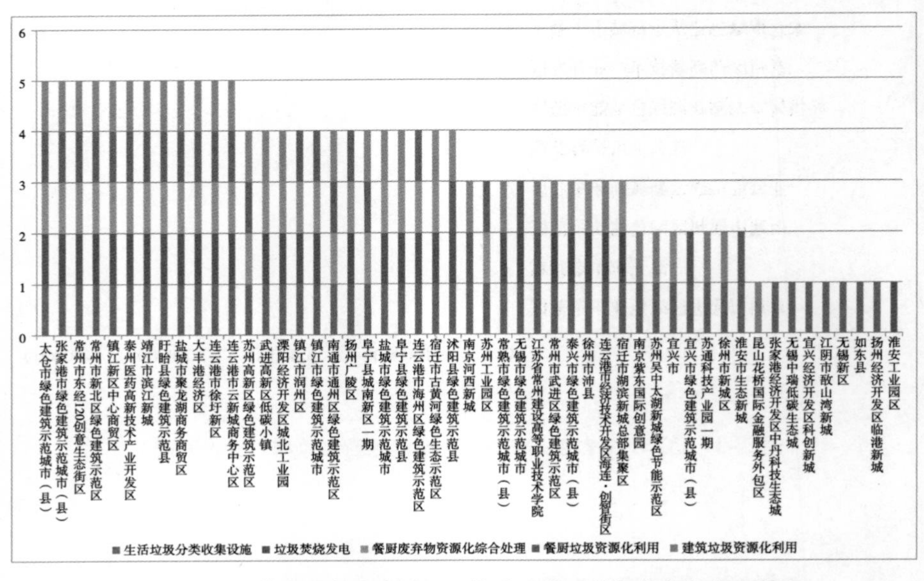


图3–48　江苏省绿色生态城区固体废弃物系统相关指标规划情况

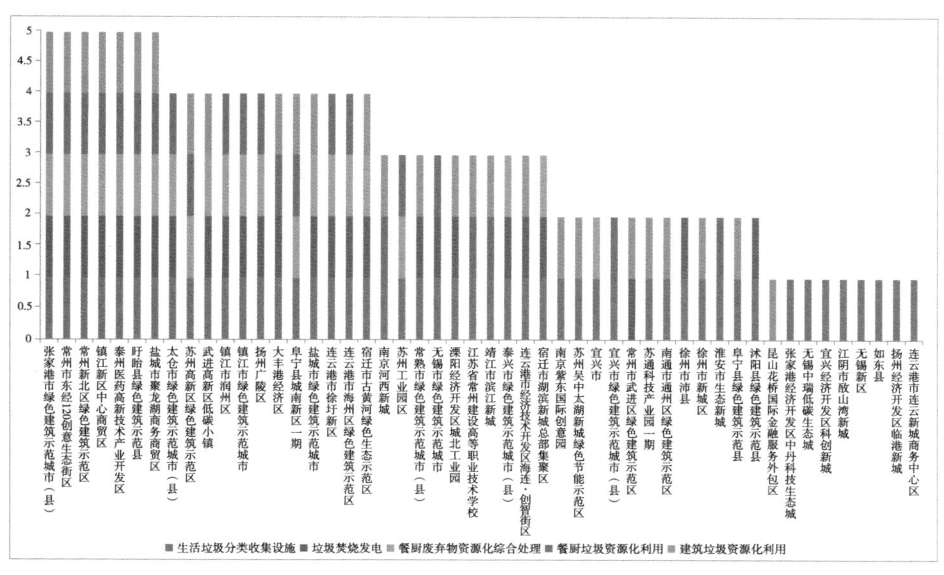


**图 3–49　江苏省绿色生态城区固体废弃物系统相关指标实施情况**

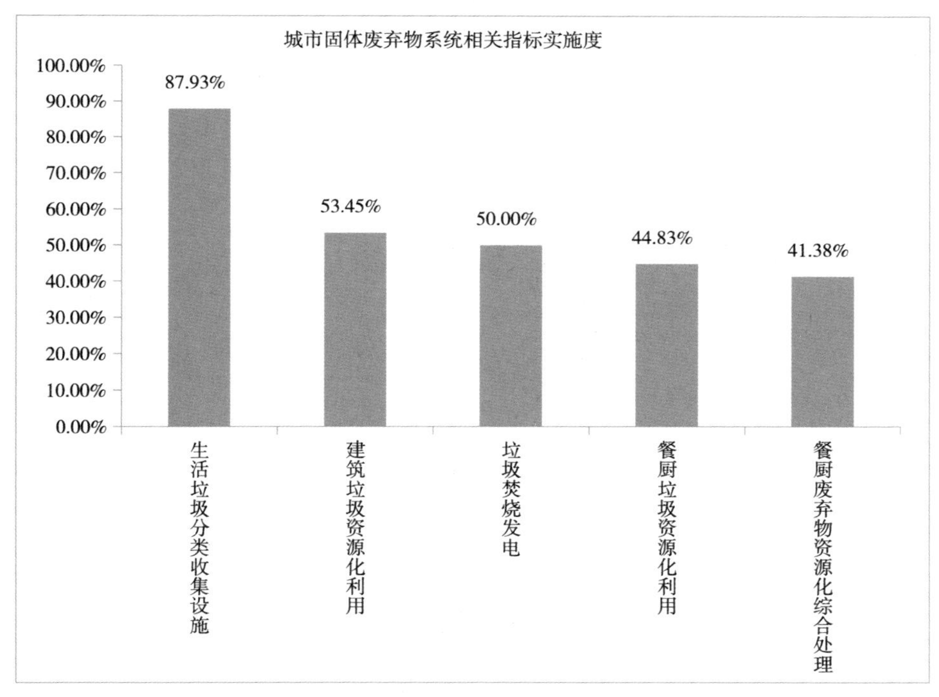


**图 3–50　江苏省绿色生态城区固体废弃物系统相关指标实施度**

### 3.6.1　垃圾分类收集

垃圾分类收集是对生活垃圾中可回收组分进行分拣回收利用，对不可回收组分按不同性质采取对应的处理处置方式，最大程度上资源化回收利用垃圾，是垃圾分类处理的前提条件。目前，江苏省绿色生态城区中生活垃圾分类收集设施正处于逐步推广阶段，在地域上存在明显差异。总体来看，苏南、苏中绿色生态城区的生活垃圾分类收集率基本在50%以上，比如南京、无锡、苏州、常州等地积极推进生活垃圾分类收集，其生态城区的垃圾分类收集率均达到100%，如图3-51所示。

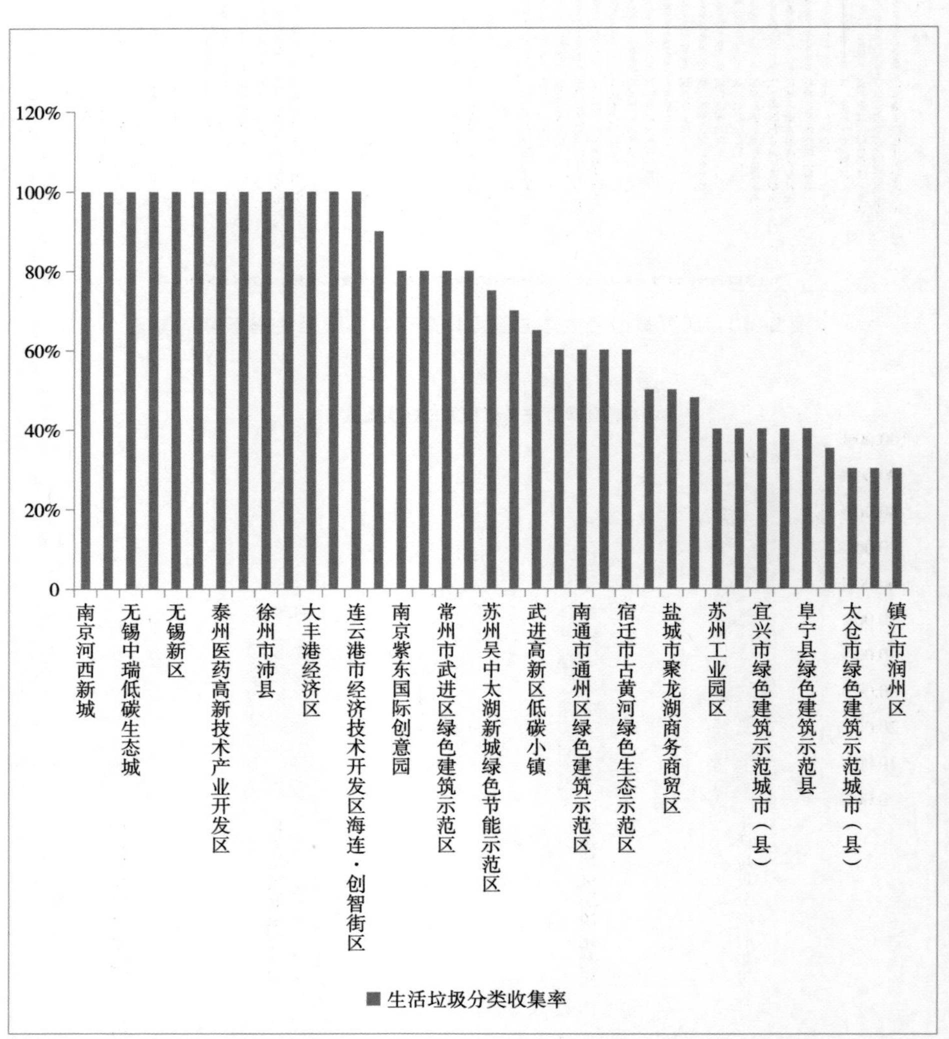


**图3–51 江苏省绿色生态城区生活垃圾分类收集率**

### 3.6.2 垃圾焚烧发电

随着近年来技术的进步，垃圾处理趋势由卫生填埋向焚烧发电发展，各绿色生态城区依据所在区域位置、生态环境和自身发展情况，规划实施了生活垃圾焚烧发电设施。生活垃圾焚烧发电，能够将分类收集后不可回收利用的垃圾通过电能或热能资源的形式进行回收并部分替代燃煤发电等区域的基础电力，同时实现垃圾处理的资源化与减量化，是生活垃圾资源化利用的重要途径。

苏南绿色生态城区实行焚烧为主、填埋为辅的生活垃圾处理方式。苏中、苏北城区实行以卫生填埋为主的生活垃圾处理方式。由于政府的财政支持和垃圾围城的困扰，苏中苏北绿色生态城区对生活垃圾的处理正由填埋向焚烧发电处理方式转变。目前镇江、南通、扬州、泰州、徐州、淮安、盐城、连云港、宿迁的绿色生态城区均有正在实施的垃圾焚烧发电设施。除常州外，苏南地区新建的焚烧发电厂逐渐减少，其中南京与无锡绿色生态城区内的生活垃圾由大市统一管理运至已建成垃圾焚烧发电厂进行处理，如图 3-52 所示。

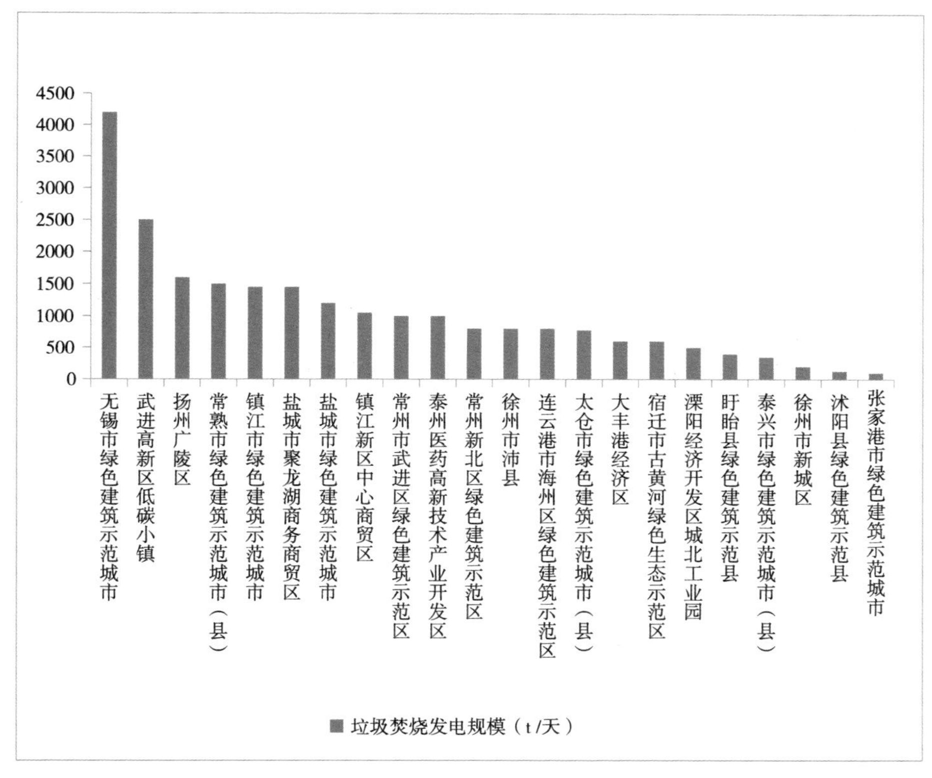


图 3–52 江苏省绿色生态城区内垃圾焚烧量统计

### 3.6.3 餐厨垃圾资源化利用

餐厨垃圾可通过堆肥生产出有机肥料或厌氧发酵产沼气发电，在无害化处理餐厨垃圾的同时实现资源化利用。各绿色生态城区对餐厨垃圾的资源化利用非常重视。总体来看，苏州、无锡、常州、扬州、镇江的餐厨垃圾资源化利用率相对较高，在35%以上。淮安、南通绿色生态城区的餐厨垃圾资源化利用率较低，地区间差异较大。其中苏州绿色生态城区新建四个餐厨垃圾综合处置中心，计划采用厌氧消化产沼气＋好氧堆肥的技术。常州绿色生态城区将餐厨垃圾进行固液分离预处理，液体进入垃圾渗沥液处理系统处理达标后排放，剩余固体采用厌氧消化技术进行处理处置。扬州绿色生态城区将餐厨垃圾的处理分为四块内容，包括垃圾分拣＋厌氧发酵＋油脂深加工＋污水处理，从而实现餐厨垃圾的资源化利用和无害化处理。盐城绿色生态城区采用对餐厨垃圾厌氧预处理后送往生活垃圾焚烧厂焚烧的处理方式。徐州、宿迁的绿色生态城区也新建了餐厨垃圾处理设施。如图3-53所示。

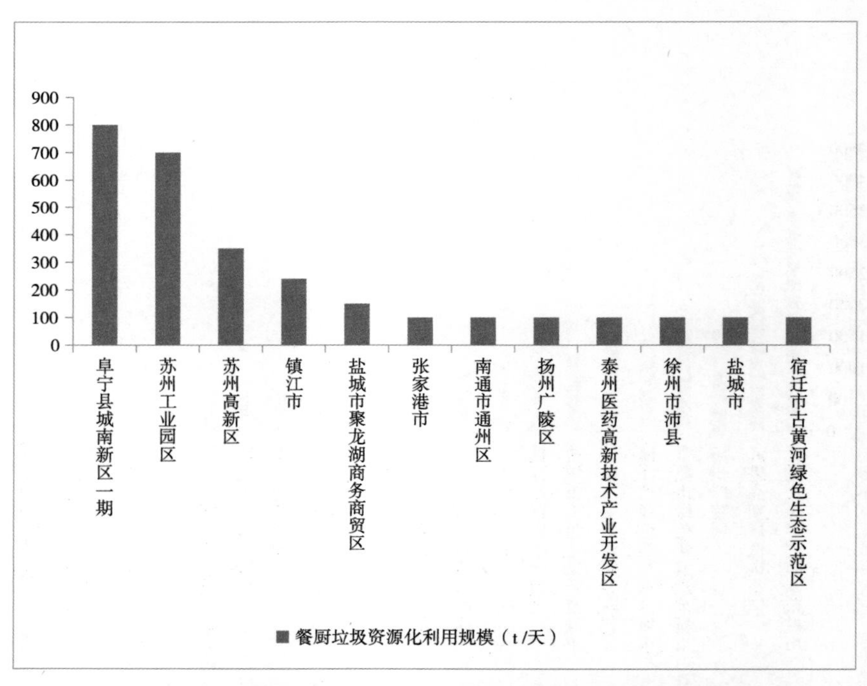


图3–53　江苏省绿色生态城区内餐厨垃圾资源化利用规模统计

### 3.6.4　建筑垃圾资源化利用

建筑垃圾是在建筑物的建设、维修、拆除过程中产生的固体废弃物，包括废混凝土块、沥青混凝土块、施工过程中散落的砂浆和混凝土、碎砖渣、金属、竹木材、装饰装修废料、各种包装材料和其他废弃物等。鉴于建筑垃圾的组成特点和其产生于建设工程现场的实际情况，将其回收作为建筑材料，是建筑垃圾回收利用的有效方法。

各绿色生态城区结合城市改造与发展，积极推进建筑垃圾资源化利用项目的建设（图 3-54）。南京、常州、南通的绿色生态城区较为领先，建筑垃圾回收利用率在 70% 以上；淮安、盐城、泰州、宿迁的绿色生态城区建筑垃圾回收利用率较低，在 30% 左右。其中，常州武进区绿色低碳小镇示范区从推进技术进步、示范项目建设和健全监督监管机制等方面着手打造建筑垃圾的资源化和产业化发展，现已形成年处理建筑垃圾 230 万 t 的产业规模。

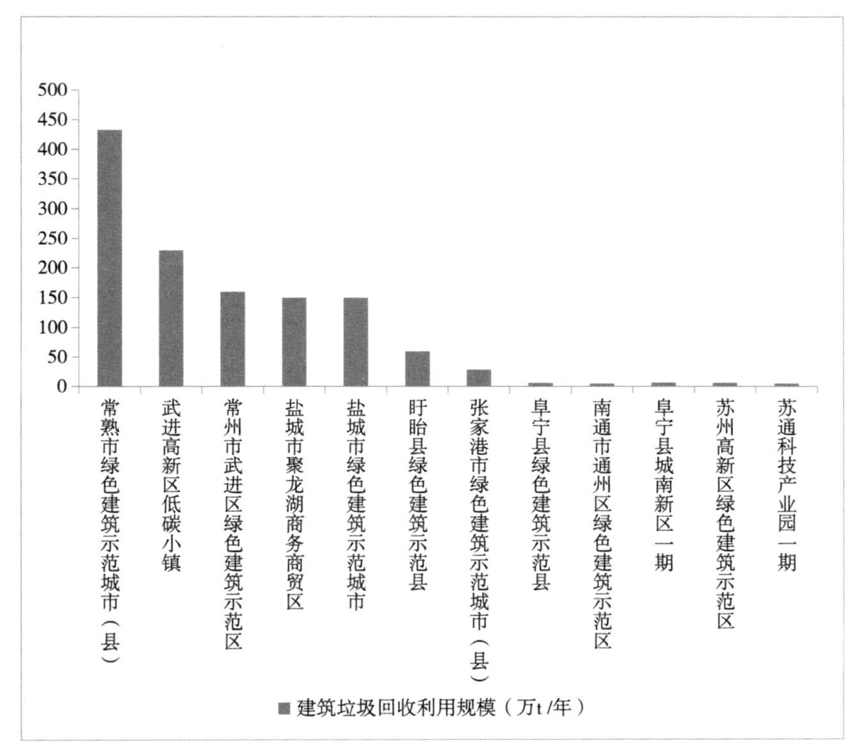


**图 3–54　江苏省绿色生态城区内建筑垃圾回收规模统计**

### 3.6.5　园林绿化垃圾、河道淤泥、一般工业固体废弃物等垃圾的资源化利用

部分绿色生态城区还针对园林绿化、河道淤泥、一般工业固体废弃物等垃圾进行了资源化利用。

苏州吴中太湖新城综合考虑园林绿化垃圾和河道淤泥，结合环卫停车场位置分别设置绿化废物分散堆肥处理设施和河道垃圾上岸点，对此两类垃圾共同处置。苏州太仓市绿色建筑示范城市利用河道疏浚底泥进行淤泥制砖，实现淤泥的资源化利用。苏州工业园建筑节能与绿色建筑示范区综合布局市政基础设施，利用东吴热电厂余热将污泥含水量从 20% 干化至 70%~90% 后，与煤混合送至发电厂用作燃料（图 3-55）。蒸汽冷凝水同样回送至热电厂再利用。

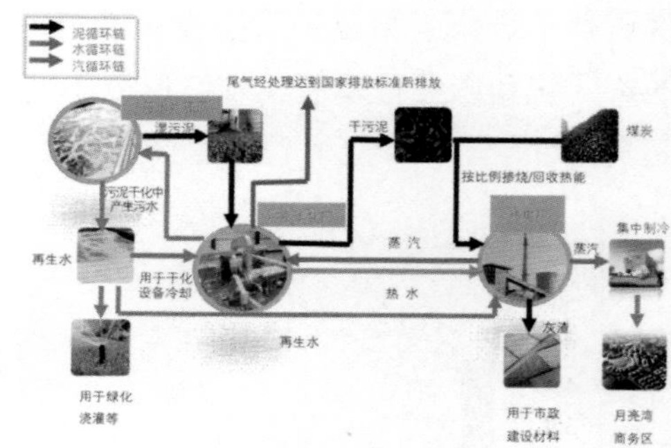


图 3-55　苏州工业园区污泥资源化利用

常州市东经 120 创意生态街区和常州新北区绿色建筑示范区注重园林绿化垃圾的专项处置，处置率分别达到 80% 及 50%。常州武进区绿色低碳小镇综合考虑电子垃圾和工业固体废弃物的资源化利用，从减少工业企业固体废弃物产生、开展电子废物专项收集、搭建固体废弃物交换信息平台三个方面入手，推进电子垃圾和工业固体废弃物的资源化利用（图 3-56）。常州市武进区绿色建筑示范区采用回转窑工艺焚烧处理河道淤泥和一般工业固体废弃物，河道淤泥和一般工业固体废弃物的年处理量分别为 500t 和 9000t/ 年。溧阳经济开发区城北工业园利用园林绿化垃圾制作有机肥料，完成垃圾处理的同时产出经济价值，河道淤泥就地回用于河道筑堤。

图 3-56　武进建筑垃圾资源化利用项目

镇江市润州区建筑节能与绿色建筑示范区将河道淤泥与污水厂污泥进行综合利用，年处理 30 万 ~40 万 t 污泥用于建材生产和焚烧发电。

泰州医药高新技术产业开发区根据其医药产业固体废弃物的特点，引进专业回收公司对一般工业固体废弃物进行处理，年处理量为 30t。泰兴市绿色建筑示范城市同样将河道淤泥与污水厂污泥共同处置用于淤泥制砖。

盐城大丰港经济区建筑节能与绿色建筑示范区、阜宁县城南新区一期建筑节能与绿色建筑示范区及盐城市省级绿色建筑示范城市对园林绿化垃圾进行发酵堆肥，生产有机肥料。

## 3.7 绿色建筑

江苏省绿色建筑工作基础好，2010 年起绿色生态城区的示范创建，更加有效推动了绿色建筑规模化发展。截至 2015 年年底，江苏省绿色生态城区范围内绿色建筑项目约 5881.4 万 $m^2$，其中二星级绿色建筑 3094.1 万 $m^2$，三星级绿色建筑 365.4 万 $m^2$，二星级及以上项目占比约 58.8%。住宅全装修项目 1392.3 万 $m^2$，开展了预制装配式建筑试点，实施省级文明工地 1008 个，绿色施工项目 963 个。2014 年起，绿色生态城区范围内城镇新建建筑全面按照绿色建筑标准设计建造，至此，通过示范引领实现示范区域内绿色建筑全覆盖。

2013 年，江苏省政府办公厅印发《江苏省绿色建筑行动实施方案》，明确规定“2015 年，全省城镇新建建筑全面按一星及以上绿色建筑标准设计建造”。2014 年，江苏省住房和城乡建设厅发布《江苏省绿色建筑设计标准》（DGJ32/J 173—2014），进一步发挥设计龙头作用，从源头上指导绿色建筑建设，为工程建设全过程管理提供强制性标准依据，并充分结合江苏省地方特点，引导绿色建筑技术因地制宜应用，更好地推动绿色建筑发展。2015 年，江苏省人民代表大会常务委员会发布《江苏省绿色建筑发展条例》，这是国内首部促进绿色建筑发展的地方性法规，为全面推动江苏省绿色建筑发展提供有力的法律支撑，对绿色建筑发展由政府引导向全社会参与、由示范创建向整体提高水平具有决定性作用。随后，江苏省住房和城乡建设厅贯彻落实《江苏省绿色建筑发展条例》，发布《江苏省民用建筑施工图绿色设计文件编制深度规定》和《江苏省民用建筑施工图绿色设计文件技术审查要点》，要求提交施工图审查的民用建筑工程设计文件应当符合《江苏省民用建筑施工图绿色设计文件编制深度规定》要求，并按照所附样式编制绿色建筑专篇。各施工图审查机构按照《江苏省民用建筑施工图绿色设计文件审查要点》及相关标准进行审查，并单列“施工图绿色设计专项审查意见”。以上政策法规体系的构建，有力地保障了江苏省绿色建筑事业的发展。

3.7.1　绿色建筑发展

2010~2015 年，江苏省绿色生态城区共建成 600 个绿色建筑项目，总建筑面积 5881.4 万 $m^2$。其中，苏州、无锡、盐城、淮安、常州、镇江 6 市绿色生态城区中绿色建筑项目面积超过全省中位数，苏州、无锡、盐城、淮安、常州、南京 6 市绿色生态城区中二星级绿色建筑项目面积超过全省中位数，苏州、常州、泰州、盐城、镇江、南京 6 市绿色生态城区中三星级绿色建筑项目面积超过全省中位数。总体来看，苏州、无锡、盐城、淮安、常州、镇江、南京、泰州等市的绿色建筑发展走在全省前列。其中苏州市绿色生态城区中绿色建筑总量、二星级及以上绿色建筑两项指标均超过第二名 50% 以上，绿色建筑规模和水平位居全省第一。如图 3-57 所示。

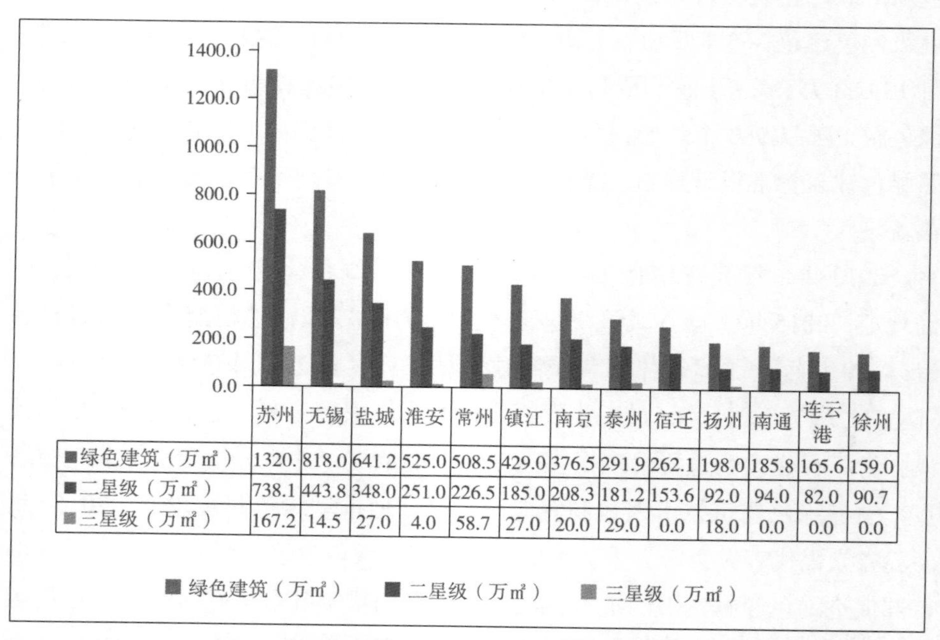


| | 苏州 | 无锡 | 盐城 | 淮安 | 常州 | 镇江 | 南京 | 泰州 | 宿迁 | 扬州 | 南通 | 连云港 | 徐州 |
|---|---|---|---|---|---|---|---|---|---|---|---|---|---|
| ■绿色建筑（万㎡） | 1320. | 818.0 | 641.2 | 525.0 | 508.5 | 429.0 | 376.5 | 291.9 | 262.1 | 198.0 | 185.8 | 165.6 | 159.0 |
| ■二星级（万㎡） | 738.1 | 443.8 | 348.0 | 251.0 | 226.5 | 185.0 | 208.3 | 181.2 | 153.6 | 92.0 | 94.0 | 82.0 | 90.7 |
| ■三星级（万㎡） | 167.2 | 14.5 | 27.0 | 4.0 | 58.7 | 27.0 | 20.0 | 29.0 | 0.0 | 18.0 | 0.0 | 0.0 | 0.0 |

**图 3–57　江苏省绿色生态城区绿色建筑项目统计（数据截止 2015 年年底）**

在绿色建筑工作推进较好的 8 个绿色生态城区中，苏南占 5 个，苏中 1 个，苏北 2 个。苏中、苏北地区通过绿色生态城区的创建，不同程度地推动了绿色建筑工作，绿色建筑进入快速发展阶段。苏北的盐城市创建了 6 个绿色生态城区，在创建过程中，出台了促进绿色建筑全面发展政策 10 余项，建立了长效管理机制，构建了绿色适宜技术体系，发展壮大了绿色建筑服务市场，改善了居住环境，促进了相关工作的开展。

规划面积 288km² 的苏州工业园区成为全国绿色建筑最集中的地区。园区自 2007 年启动了绿色建筑“1680”工程计划，建立了强有力的领导班子和工作小组，先后出台了 14 项政策文件，形成了完善的政策体系。构建了适度超前的发展指标体系，规划先行，建立了土地绿色出让模式。同时，园区结合省级绿色生态城区专项引导资金，设立配套资金，通过政府带头，资金引导，发展“重点区域”和“重点项目”，带动“一般区域”和“一般项目”，形成了企业自发创建绿色建筑的局面。园区在绿色建筑发展上基本实现了单个项目向区域集群、由政府推动向企业自发、由“深绿”向“泛绿”的转变。

### 3.7.2 住宅全装修

住宅全装修是江苏省节约型城乡建设十项重点工作之一，也是绿色生态城区重点开展的项目，《江苏省绿色建筑发展条例》规定“新建公共租赁住房应当按照成品住房标准建设。鼓励其他住宅建筑按照成品住房标准，采用产业化方式建造。”截至目前，我省绿色生态城区共完成 108 个全装修项目，总建筑面积 1392.3 万 m²（图 3-58）。其中，苏南绿色生态城区共建成住宅全装修项目 81 个，面积为 1067.1 万 m²，所占比例为 76.6%，苏南地区民众对住宅全装修接受程度较高。苏中和苏北绿色生态城区的全装修总面积约占全省的 23.4%，两个地区的全装修接受程度相比较低。

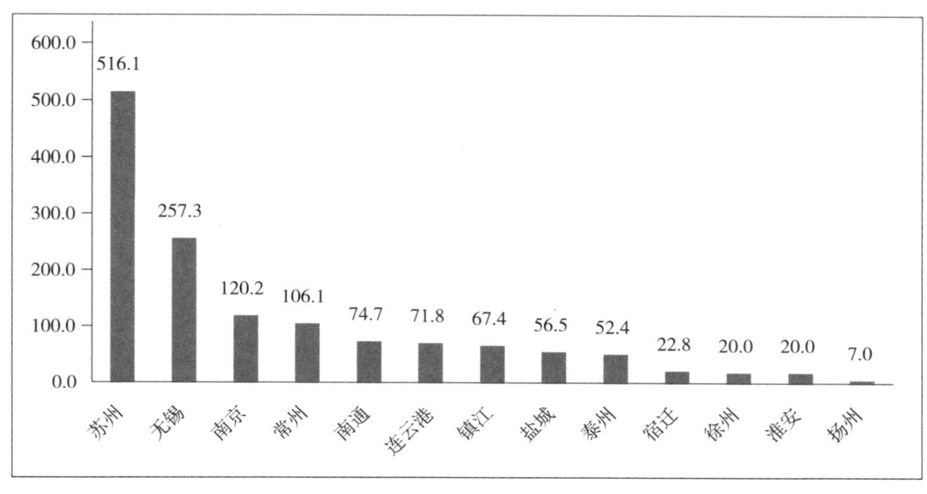


**图 3–58　江苏省绿色生态城区全装修住宅项目统计**

成品住房是指采用一体化装修，套内所有功能空间的固定面铺装或涂饰、管线及终端安装、厨房和卫生间的基本设施等全部完成，已具备基本使用功能的住房。推广成品住房对提高房地产开发建设水平、推进住宅产业现代化、促进资源节约利用具有重要意义。2013 年省政府办公厅发布《省政府办公厅关于印发江苏省绿色建筑行动实施方案的通知》，明确规定“到 2015 年，苏南城市中心城区新建住房中成品住房的比例达 60% 以上，其他地区达 40% 以上”，从数据统计来看，部分绿色生态城区的住宅全装修比例并没有达到目标要求，主要受部分地区居民消费习惯影响因素较大，开发商积极性也需要进一步调动。

### 3.7.3 建筑产业现代化

建筑产业现代化是建筑业发展的趋势，通过工业化的方式设计、制造、安装和科学化管理，替代传统建造模式，大大提高施工效率，降低环境污染和资源消耗。2014 年江苏省人民政府印发了《省政府关于加快推进建筑产业现代化促进建筑产业转型升级的意见》，从制定产业发展规划、构建现代化生产体系、促进企业转型升级、完善标准体系、健全监管体系、提高人才队伍建设水平、提高信息化应用水平、推广先进适用技术等方面明确了重点任务，并强调要加大财政支持，落实税费优惠、提供用地和行政许可支持、加强行业引导等政策支持措施，推动全省建筑产业现代化稳步有序发展。

江苏省绿色生态城区已有部分项目采用了建筑工业化技术。无锡、连云港、苏州、盐城、常州、宿迁等地绿色生态城区开展了预制装配式建筑试点，为全省大面积推广积累了经验（图 3-59）。

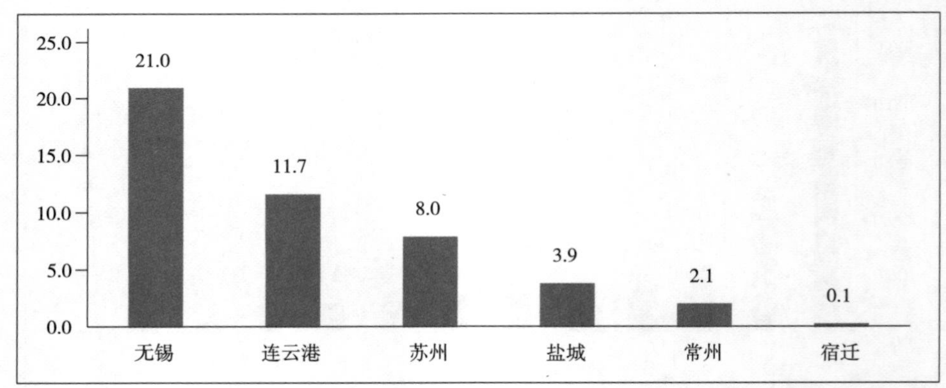


**图 3–59 江苏省绿色生态城区建筑产业现代化（预制装配式）项目统计**

### 3.7.4 绿色施工

（1）省级文明工地

“江苏省建筑施工标准化文明示范工地”考核内容包括物料堆放、裸土覆盖、绿色施工等方面。该项示范的设立主要是为了促进建筑施工企业加强施工现场管理，促进城市环境改善。

2010~2015 年各示范区共获评省级文明工地 1008 个，其中苏州 458 个，镇江 156 个，无锡 154 个，盐城 105 个，4 市合计占全省 86.6%，苏州占到近 50%（图 3-60）。在省级文明工地组织实施方面，苏州、镇江、无锡、盐城 4 个城市走在江苏省前列。江苏省文明工地的评审已经将绿色施工纳入考核内容，在对施工安全、工地扬尘重点管控的同时，对施工项目的绿色施工管理制度，施工组织设计进行审查，并要求建筑施工过程中的建筑垃圾回收利用、施工作业噪声控制、基坑施工方案优化以及节材、节水、节能等方面符合《建筑工程绿色施工评价标准》（GB/T 50640-2010）的控制项要求。

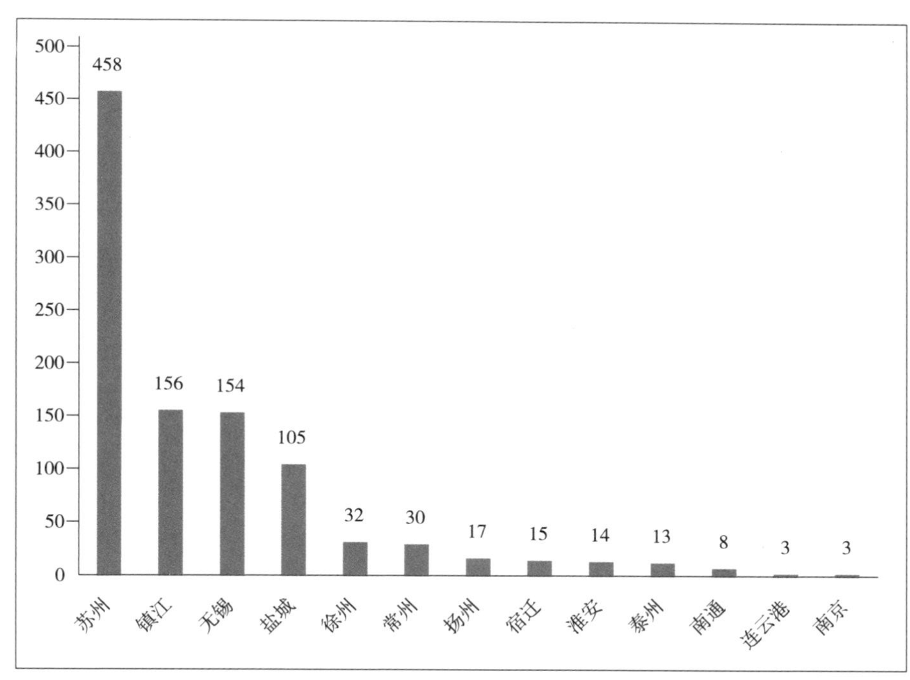


**图 3–60　江苏省绿色生态城区省级文明工地项目统计**

（2）绿色施工

绿色施工作为节约型城乡建设工作的内容之一，各绿色生态城区响应程度高，示范区内大部分项目都能按照《绿色施工导则》要求开展工作，编制绿色施工方案，开展项目建设。江苏省绿色生态城区绿色施工项目统计如图 3-61 所示。

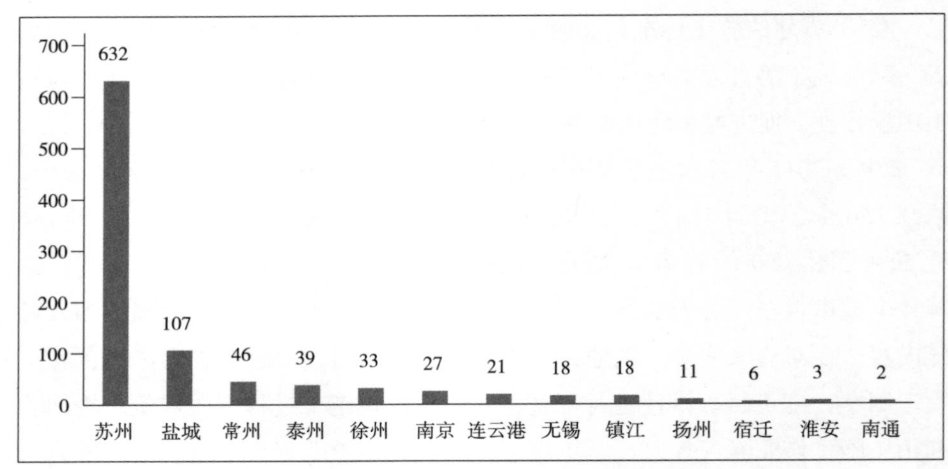


图 3–61 江苏省绿色生态城区绿色施工项目统计

## 3.8 绿色生态建设产业

绿色生态城区的规划建设管理带动了区内及周边绿色生态建设产业的发展，其中包括绿色建材、节能设备研发生产，绿色建造施工，绿色基础设施生产运营等第二产业，以及绿色咨询服务业，包括咨询、规划、勘察设计、物业管理等第三产业。可再生能源、绿色照明、绿色建材、建筑产业现代化等生产制造企业直接供应绿色生态城区的工程建设，水处理利用、固体废弃物处理企业提高了绿色生态城区的资源利用效率，绿色建筑咨询服务企业服务于绿色生态城区规划建设管理全过程，这些行业企业的发展，拉动了经济发展，成为绿色生态城区可持续性的重要表征。江苏省绿色生态城区绿色生态建设产业规划和实施情况如图 3-62 和图 3-63 所示。

3.8.1 产业与产值

截至 2015 年底，绿色生态城区中可再生能源相关企业数量最多，占绿色生态建设企业总数的 40.2%；绿色照明、绿色建材和水处理利用企业数量接近，其他类型企业数量较少。绿色建材企业的总产值最高，其次是可再生能源企业，这两者的总产值占所有绿色生态建设企业总产值的 78.0%。

江苏省绿色生态城区中共有 314 个可再生能源相关企业，主要业态是光伏、地源热泵、风能设备制造，年总产值达到约 1146.9 亿元；118 个绿色照明企业，年总产值为 673.7 亿元；113 个绿色建材企业，年总产值为 2855.5 亿元；101 个水处理、再利用企业，年总产值为 10.4 亿元；95 个固体废弃物企业，年总产值为 30.5 亿元；55 个建筑节能、绿色建筑服务业，年总产值为 7.6 亿元；

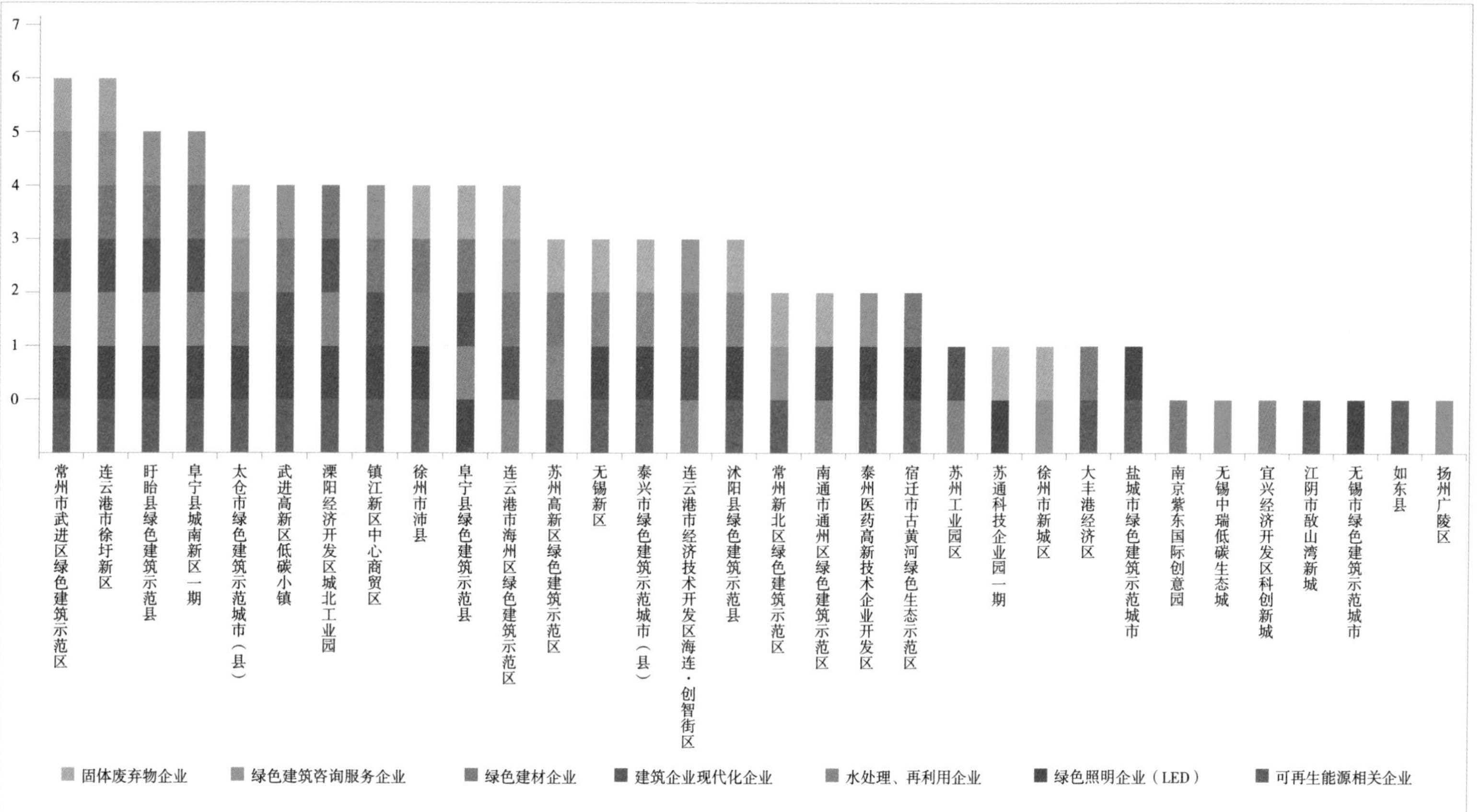


图 3-62　江苏省绿色生态城区绿色生态建设产业规划情况统计

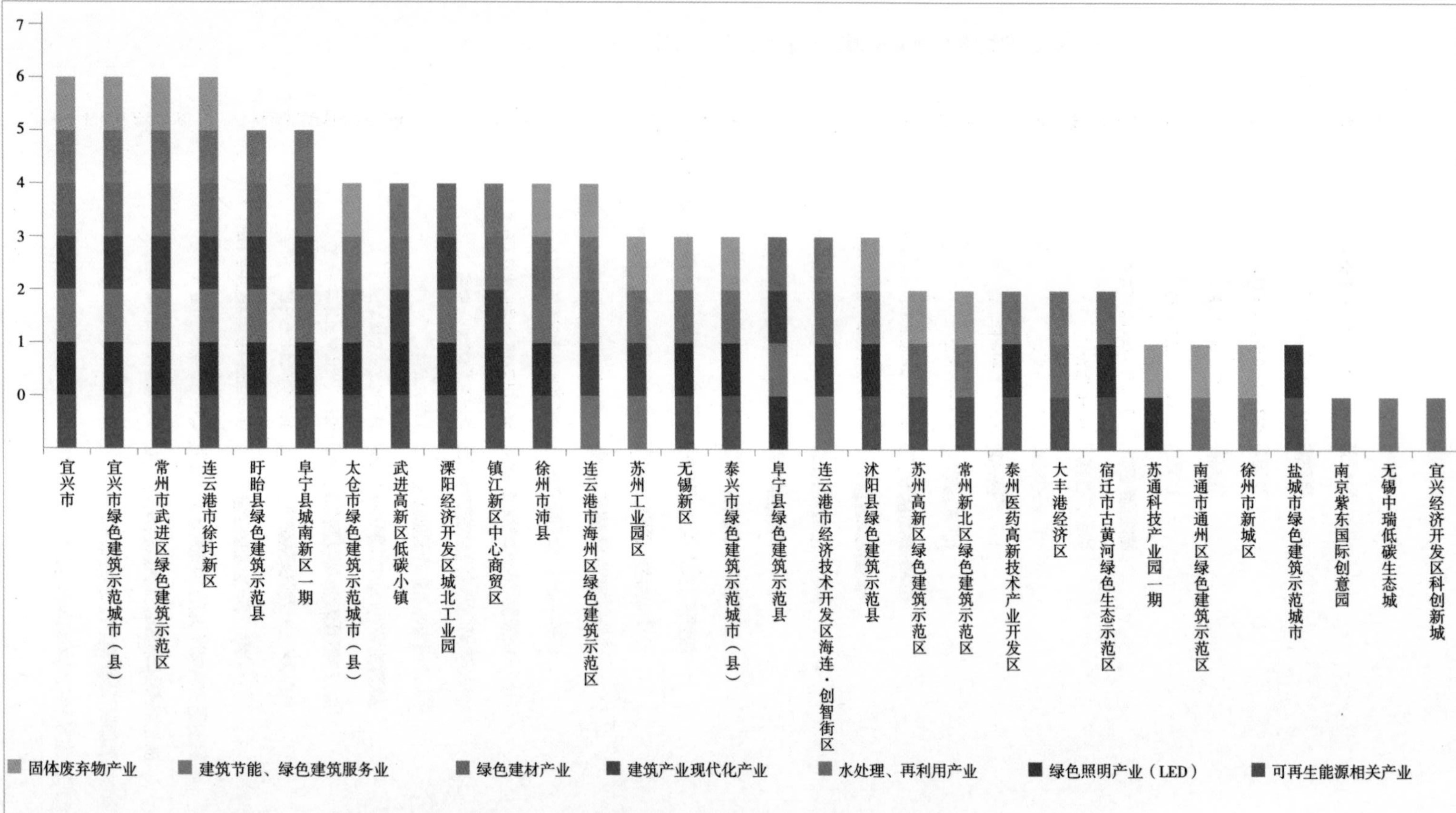


图 3-63 江苏省绿色生态城区绿色生态建设产业实施情况统计

36个建筑产业现代化企业，年总产值为429.5亿元。如图3-64和图3-65所示。

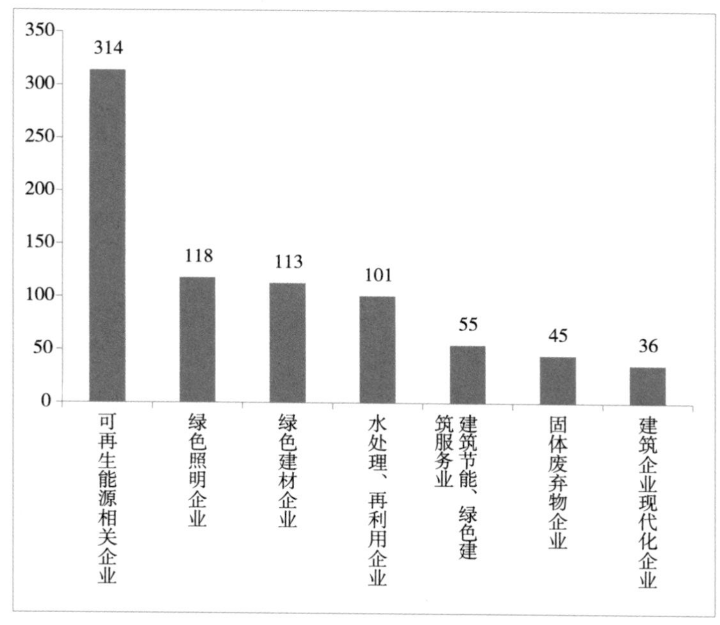


图3-64 江苏省绿色生态城区绿色生态建设企业类型统计

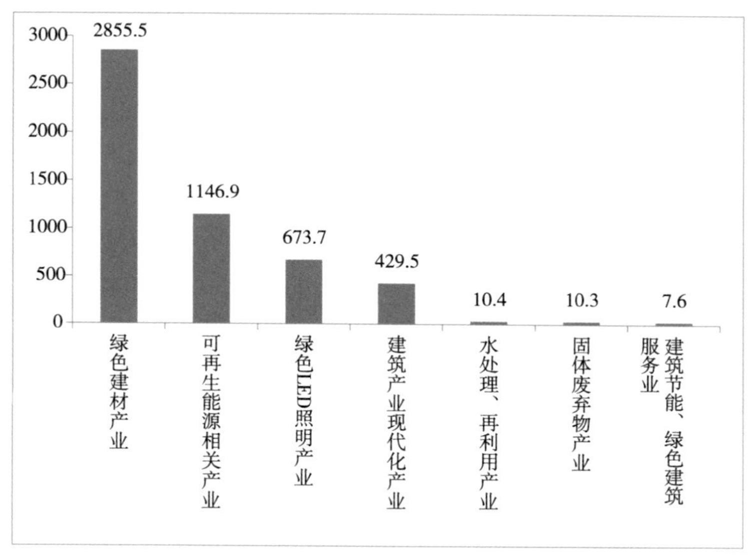


图3-65 江苏省绿色生态城区绿色生态建设企业年产值统计

对照企业数量和产值可以看出，绿色建材企业的平均年产值最高，达25.3亿元，其次是建筑产业现代化企业，平均年产值为11.9亿元，可再生能源企业、绿色照明企业平均年产值均超过亿元，而水处理再利用、固体废弃物利用、绿色建筑咨询服务企业年均产值较低。

从“十二五”末期，住房和城乡建设部就开始大力推动建筑产业现代化工作，先后发布《关于大力发展装配式建筑的指导意见》（国办发 [2016]71 号）等文件指导行业发展。江苏省从 2015 年开始把建筑产业现代化工作纳入节能减排专项引导资金的支持范畴，开始大力推动以产业现代化基地建设、装配式建筑推广为主要内容的示范工作。绿色生态城区中的绿色建材和建筑产业现代化企业较高的平均产值，是这些行业率先发展的证明，也是这些行业发展前景较好的昭示。水处理再利用、固体废弃物利用企业属于资源再利用的环保产业，虽然行业平均产值不高，但是在减少资源浪费、维护生态环境等方面的环境和社会效益是巨大的。绿色建筑咨询作为服务业，平均产值低于第二产业，但是该行业对绿色建筑的规模化发展起到了重要的技术支撑作用，随着绿色建筑的普及和深度发展，该行业将迎来更大的发展契机，成为规划建设咨询行业中不可缺少的重要板块。

### 3.8.2 地区产业发展

总体来看，可再生能源、绿色照明、水处理利用、固体废弃物利用和绿色建筑咨询服务产业在全省有了长足的发展。按地域来看，全省绿色生态城区中绿色生态相关产业发展较不均衡，苏南地区企业总量较多，产业发展水平较高，苏中苏北除徐州外，其他地区相关企业总量偏少。部分城市的企业数量偏少是由于绿色生态示范区域较少，或示范区域中产业较少。具体情况如图 3-66~ 图 3-70 所示。

具体到各城市情况，常州的绿色生态研发制造企业数量最多，苏州、徐州的资源再利用企业数量较多，在全省绿色生态城区中处于领先水平。苏州的绿色建筑咨询服务业发展最好。苏州、无锡、常州、镇江、徐州等地的绿色生态建设产业较多，绿色生态城区规划建设对绿色产业发展的推动处于全省领先地位。

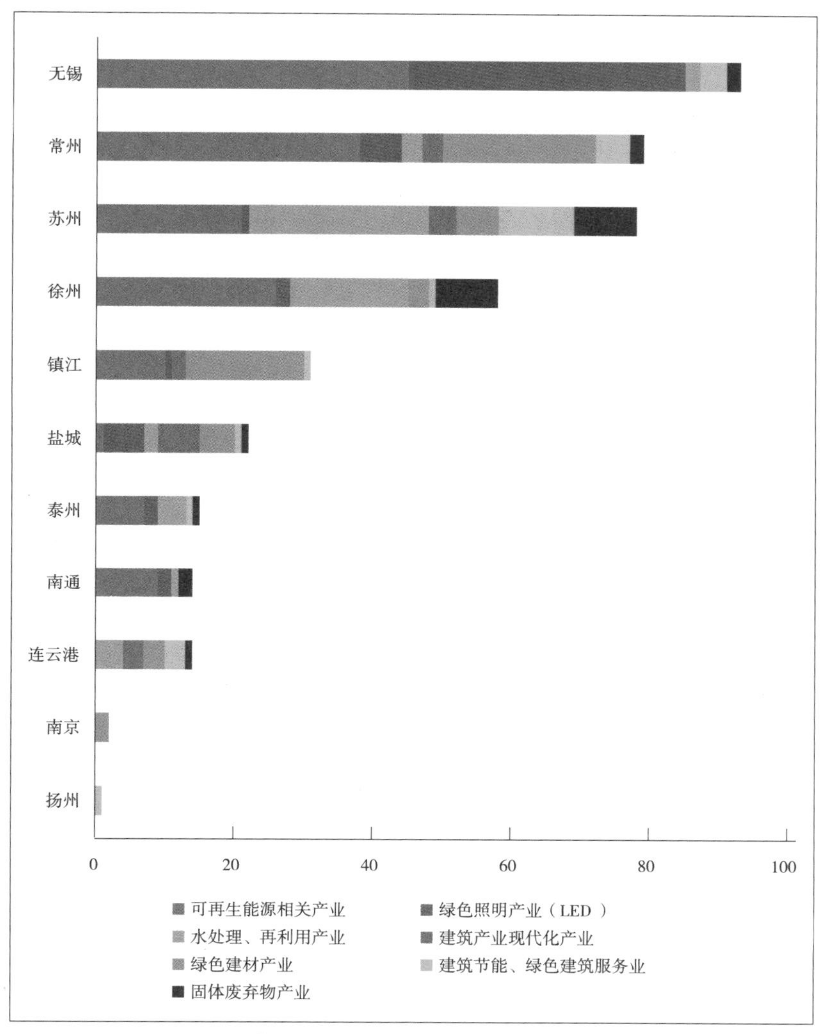


图 3-66 江苏省绿色生态城区绿色生态产业数量及分布

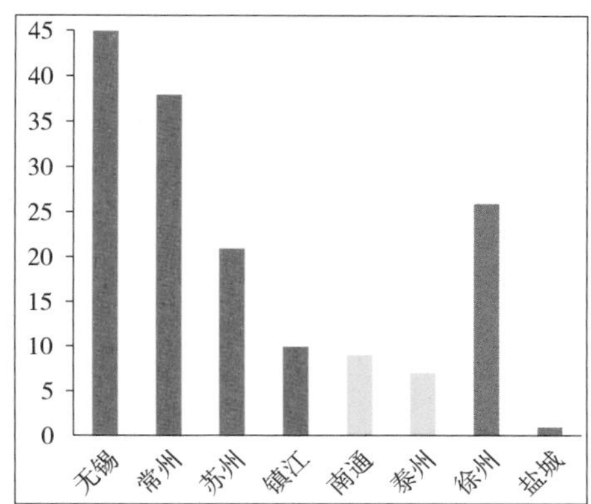


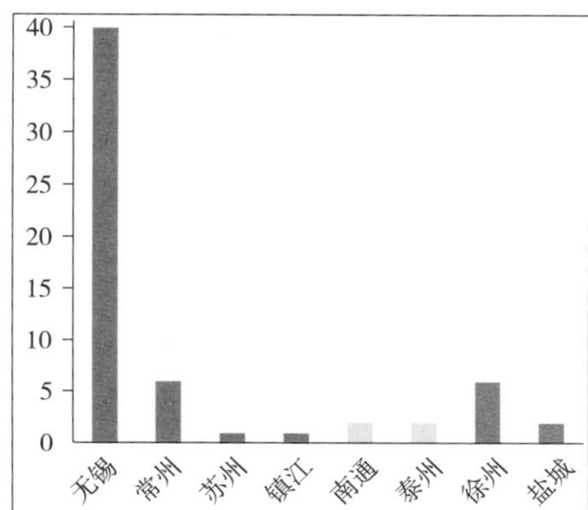


图 3-67 江苏省绿色生态城区可再生能源和绿色照明企业分布情况

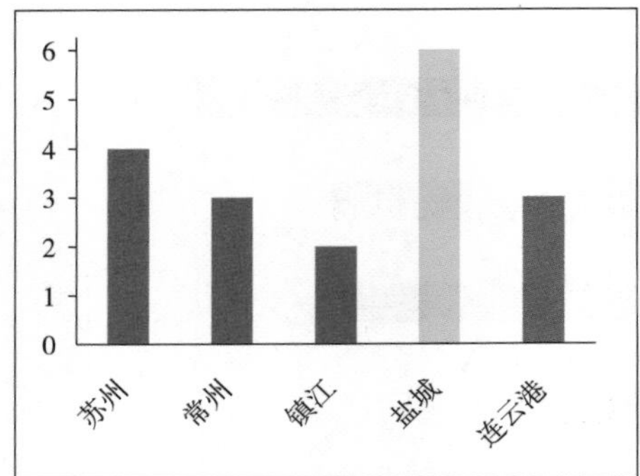


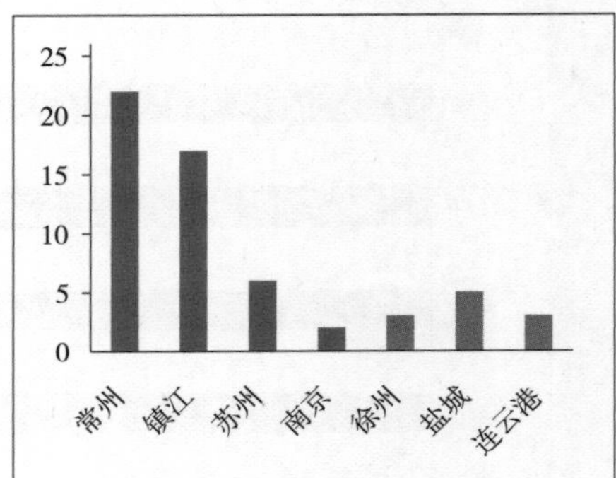


图 3-68 江苏省绿色生态城区建筑产业现代化和绿色建材企业分布情况

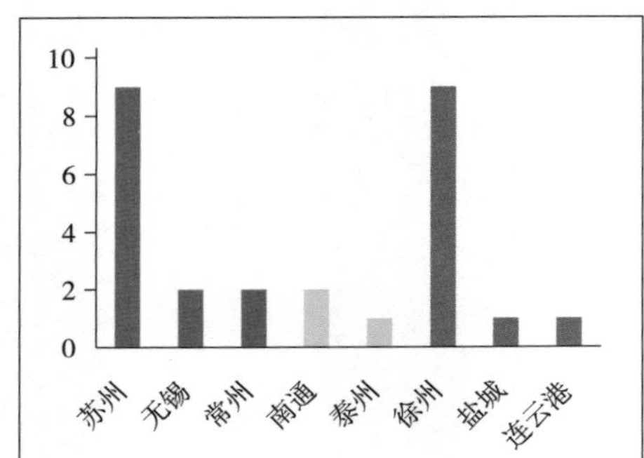


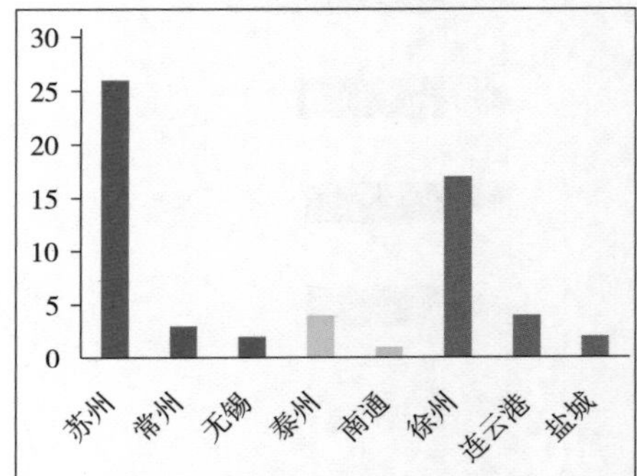


图 3-69 江苏省绿色生态城区水处理再利用和固体废弃物利用企业分布情况

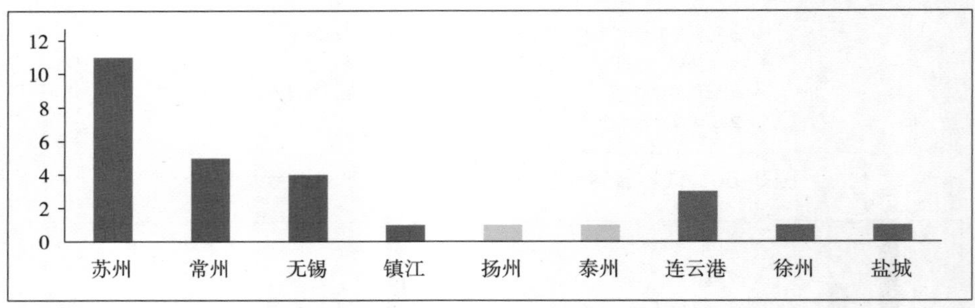


图 3-70 江苏省绿色生态城区绿色建筑咨询服务企业分布情况

# 4

江苏省绿色生态城区
发展报告

DEVELOPMENT REPORT
OF JIANGSU GREEN
ECOLOGICAL CITY

# 江苏省绿色生态城区
# 后评估研究

## 4.1 后评估现实需求

生态城市评价是对各类生态城市评价研究的统称，是生态城市发展领域的研究重点之一，国内外研究成果丰富，体系众多。目前的各类评价体系在评价范围上，绝大多数仍停留在宏观的生态城市建设现状、目标和效果层面，无明确的评价时点，对于具体的生态城区规划建设项目来说，评价的系统性、针对性和引导性均有所不足，难以深入总结经验，发现问题。此外，目前国内外的生态城市评价研究和应用重点在于评价方案的设计，而关于评价实施研究较少，评价体系相对简单，滞后于实际发展需求。

项目后评价是“在项目建设完成并投入使用或运营一定时间后”，对项目全过程所做的分析评价。它是国际项目周期中的重要考核环节和投资管理手段。近年来，法国、英国、加拿大、日本、瑞典等发达国家相继建立了较为完善的后评价体系，有相关的法律依据和系统规则、健全的管理机构、配套的方法和程序，并将资金预算、监测、审计和评价结合在一起，形成各个环节、各个方面工作相互协调的有效评价体系。2009 年，国家发改委发布了《中央政府投资项目后评价管理办法（试行）》（发改投资〔2008〕2959 号）文件，2010 年住建部根据国家发改委这一文件编制并发布了《市政公用设施建设项目后评价导则》（建标〔2010〕113 号），与现有的生态城市评价体系相比，项目后评价基于全项目周期的评价视角、从项目过程、目标、效果直到项目可持续性的评价范围，以及特有的项目财务和经济分析，使得项目后评价的系统性、针对性、深入性和规范性更强，更适合具体生态城区规划建设项目的考核管理需求。

## 4.2 后评估体系构建

江苏省绿色生态城区后评估是在绿色生态城区基本完成第一阶段创建任务，进入运营阶段，对绿色生态城区组织筹备、规划设计、建设实施和运营管理全过程的系统评价。评估体系的构建，在吸收一般项目后评估理论和技术方法基础上，以我国新型城镇化推进和绿色生态城区发展为导向，以《中共江苏省委江苏省人民政府关于进一步加强城市规划建设管理工作的实施意见》为目标，以年度省级建筑节能专项引导资金项目申报指南和验收评估细则为主要条目，同时也汲取了国内外相关经验，是一般项目后评估、生态城市评估和地方实际的结合。

4.2.1 评估对象和范围

评估以江苏省绿色生态城区为对象。评估范围包括空间和时间两方面。

评估根据省级建筑节能专项引导资金项目申报指南要求，以各绿色生态城区实施方案确定的规划建设范围为空间范围，同时根据项目后评估一般要求，以绿色生态城区的项目周期全过程为时间范围。项目周期包括四个具体阶段：组织筹备、规划设计、建设实施和运营管理（图 4-1）。

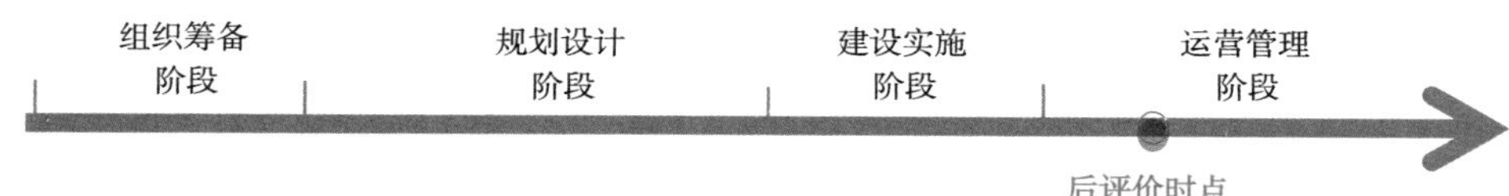


**图 4–1 绿色生态城区项目周期阶段划分**

4.2.2 评估依据及参考

（1）国家政策依据

1）国家发展改革委员会《中央政府投资项目后评价管理办法（试行）》（发改投资〔2008〕2959 号）；

2）中华人民共和国住房和城乡建设部《"十二五"绿色建筑和绿色生态城区发展规划》（2013 年）；

3）中华人民共和国住房和城乡建设部和财政部《关于加快推动我国绿色建筑发展的实施意见》（财建〔2012〕167 号）；

4）中华人民共和国住房和城乡建设部《市政公用设施建设项目后评价导则》（建标〔2010〕113 号）；

5）中华人民共和国住房和城乡建设部《绿色生态城区评价标准（征求意见稿）》（2015 年）。

（2）地方政策依据

1）《省政府办公厅转发省住房和城乡建设厅关于推进节约型城乡建设工作意见的通知》（苏政办发〔2009〕128 号）；

2）《省委办公厅、省政府办公厅关于印发全省美好城乡建设行动实施方案的通知》（苏办发〔2011〕55 号）；

3）《关于推进全省绿色建筑发展的通知》（苏财建〔2012〕372 号）；

4）《省政府办公厅关于印发江苏省绿色建筑行动实施方案的通知》（苏政办发〔2013〕103 号）；

5）关于印发《江苏省省级建筑节能专项引导资金绩效考核暂行办法》的通知（苏建科〔2009〕307 号）;

6）《关于印发江苏省省级节能减排（建筑节能）专项引导资金管理暂行办法的通知》（苏财规〔2010〕19 号）;

7）《关于公布首批省级建筑节能和绿色建筑示范区项目及加强示范区建设管理工作的通知》（苏建函科〔2011〕91 号）;

8）《关于加强省级建筑节能专项引导资金项目后续工作管理的通知》（苏财建〔2011〕464 号）;

9）各年度关于组织申报省级建筑节能专项引导资金项目的通知;

10）江苏省住房和城乡建设厅财政厅关于印发《省级建筑节能和绿色建筑示范区验收评估细则》的通知（苏建科〔2013〕552 号）;

11）《中共江苏省委江苏省人民政府关于进一步加强城市规划建设管理工作的实施意见》(苏发〔2016〕35 号）;

12）其他，略。

（3）项目参考

绿色生态城区后评估评价标准参考借鉴了以下项目的筹备、规划、建设和运营管理经验:

1）瑞典斯德哥尔摩市哈马碧湖区;

2）德国弗莱堡市;

3）英国贝丁顿零碳社区;

4）天津中新生态城;

5）其他，略。

4.2.3　评估原则、评估标准以及评估方法

绿色生态城区后评估体系的构建遵循科学性、系统性、针对性、引导性、实用性原则，以多目标决策理论和方法为指导，综合评价绿色生态城区规划建设过程、经济效益、社会效益、资源环境效益、项目运营管理水平和项目发展的后劲潜力，旨在引导绿色生态城区向精细化规划建设管理方向发展，既为绿色生态城区的建设管理工作提供一套方法工具，也为绿色生态城区的验收评估提供一套可操作的考核验收工具，提高验收评估工作的公平、专业和高效。

绿色生态城区的规划建设应符合以人为本与绿色生态、系统性与协同性、先进性与独创性、可达性和可持续性的标准，紧扣城市可持续发展“以人为本”的精神内核和绿色生态城区“绿色”、“生态”、“低碳”的基本规划理念，

发挥各规划内容之间相互适应、相互促进、共同发展的协同作用，降低综合发展成本，提高发展的综合效益和效率，同时注意体现当地的资源环境、产业经济和社会文化特色，避免“千城一面”的规划建设，塑造独特的绿色生态城区魅力和活力。

绿色生态城区后评估体系的构建共采用了6种基本评价方法，分别为逻辑框架法、调查法、对比法、专家打分法、指标体系评价法和成功度评价法。其中，前四种方法的运用贯穿后评估体系构建的始终，后两种方法主要用于综合评估工具的构建。

4.2.4 评估内容

根据对绿色生态城区项目周期的阶段划分，以及项目周期内各类规划建设活动的性质和目的，绿色生态城区后评估的主要内容分为四个相互联系，层次递进的分项：组织筹备评估、目标评估、效果评估和可持续性评估。为鼓励规划创新，各分项中均包括基础评估项和提升评估项两类内容（图4-2）。

基础评估项是绿色生态城区规划建设应达到的基本要求，相当于体育竞技中的“规定动作”。评估内容主要来自江苏省节约型城乡建设工作意见、年度省级建筑节能专项引导资金项目申报指南和验收评估细则。

提升评估项代表了绿色生态城区创建活动的创新水平，相当于体育竞技中的“自选动作”。评估内容以近年来国家在绿色建筑和绿色生态城区发展方面的重要文件为基础，同时借鉴了国内外先进项目经验。

绿色生态城区后评估的总成绩由基础评估项成绩和提升评估项成绩组成。绿色生态城区能否通过后评估由基础评估项成绩和总成绩共同决定；提升评估项的成绩高低与绿色生态城区在后续建设中可以获得的政策倾斜力度直接相关。

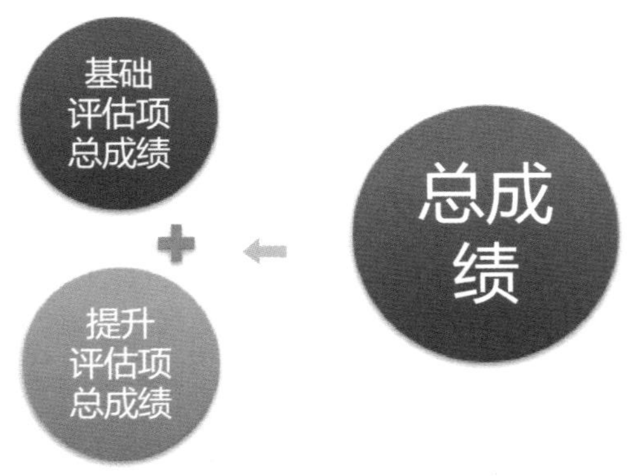


图4-2 绿色生态城区后评估内容分类及成绩组成

### 4.2.5 评估工具构建

将抽象、定性的分项评估内容转变为可度量、可操作的量化评价工具，进行具体案例的评估分析，实现后评估体系研究由理论向实践的转化，为绿色生态城区的验收评估提供科学、系统、实用的考核工具。

采用指标体系评估法实现评估内容的量化转变，并通过成功度评估法形成综合评估结论。综合评估指标体系的架构围绕分项评估内容组织，分为四个分项，分别为：组织筹备评估、目标评估、效果评估和可持续性评估，每个分项的指标又根据评估目的的不同细分为 1~3 个指标表和若干单项指标，如图 4-3 所示。

图 4–3 指标体系构成

单项指标的筛选紧扣分项评估内容，在遵循评估原则的科学性、系统性、引导性和实用性要求外，同时注重把握代表性与创新性，使指标体系的构建既贴近国家标准，也体现江苏特色：

综合评估指标体系共计单项指标 106 项（目标评估和效果评估中指标相同，共计重复指标 38 项），分为基础指标和提升指标两类。当各单项指标得分均符合标准得分或得分标准，所有指标得分之和即为项目标准总得分，共计 170 分。

借助 Excel 软件（图 4-4），实现综合评价工具的数字化和可视化，进行相关数据的整理、计算、分析和查询处理，提高综合评估工具的实用性、评价效率和评价数据的研究价值。经过数字化处理的综合评价工具包括 7 个 Excel 工作表。

图 4–4　工作表示意图

## 4.3　绿色生态城区后评估结论

在构建的绿色生态城区后评估体系基础上，对江苏 2010~2015 年立项的 42 个建筑节能和绿色建筑示范区（以下简称“示范区”）进行评估，调研数据的截止日期是 2015 年底。按当时的项目进度，2010~2012 年示范区共有 14 个已通过验收；另有 4 个已完成示范建设任务，基本达到验收条件；其余 24 个示范区未进行验收。

评估由示范区首先自评，提供评估数据，再由课题组组织专家进行实地调研，核实数据真实性和发展情况，同时也听取示范区对综合评估工具的构建意见，进一步优化评估体系。

从建设特征来看，这 42 个示范区全部为新城建设。示范区用地规模以 3~5km$^2$ 的特色园区 / 街区为主，也有规划面积在 20~30km$^2$ 的大型综合性新城。这些示范区总体上与中心城区距离适中、交通便利、功能定位的低碳生态导向鲜明，并具有较强的产城融合发展能力。示范区基本信息见表 4-1。

示范区基本信息　　表 4-1

| 序号 | 示范区名称 | 类别 | 所在城市 | 用地规模( $km^2$ ) | 功能定位 |
|---|---|---|---|---|---|
| 1 | 南京紫东国际创意园 | 示范区 | 南京 | 0.67 | 办公研发、创意孵化园区 |
| 2 | 苏州工业园区中新科技城 | 示范区 | 苏州 | 4 | 综合性工业园区、生态宜居城市 |
| 3 | 昆山花桥金融服务外包区 | 示范区 | 苏州 | 11.7 | 低碳生态综合金融服务区 |
| 4 | 无锡中瑞低碳生态城 | 示范区 | 无锡 | 4 | 具有文化体育、生活居住和休闲游憩等综合功能的低碳生态示范区 |
| 5 | 武进高新区低碳小镇 | 示范区 | 常州 | 32.5 | 集低碳节能产业生产、技术创新、应用、教育培训及居住功能于一体国家级的低碳生态型示范区 |
| 6 | 泰州医药高新产业开发区 | 示范区 | 泰州 | 5.2 | 泰州商务行政文化中心，国际医药科技产业基地，田园式时尚生态康居新城 |
| 7 | 淮安市生态新城 | 示范区 | 淮安 | 29.8 | 长江三角北部现代服务业中心，淮安行政、文化、体育中心，宜居新城 |
| 8 | 南京新城科技园 | 示范区 | 南京 | 4.4 | 科技研发、科技孵化、管理服务区，宜居生活区 |
| 9 | 张家港经济开发区中丹科技生态城 | 示范区 | 苏州 | 2.4 | 园区三大主体功能（研发、孵化、办公） |
| 10 | 宜兴经济技术开发区科创新城 | 示范区 | 无锡 | 4.6 | 开发区的产业新城区、科创基地及重要功能的承载区 |
| 11 | 江阴市敔山湾新城 | 示范区 | 无锡 | 5.31 | 高档居住区，生活配套服务基地，生态城市窗口 |
| 12 | 溧阳经济开发区城北工业园 | 示范区 | 常州 | 15 | 集商业、居住、办公、研发、生产等多功能于一体的综合片区 |
| 13 | 镇江新区中心商贸区 | 示范区 | 镇江 | 13.22 | 镇江新区发展引擎，现代化城市综合生活区和高新产业基地 |
| 14 | 苏通科技产业园一期 | 示范区 | 南通 | 2.97 | 高科技、生态型、国际化、综合性江海生态城，国际创业园 |
| 15 | 靖江市滨江新城 | 示范区 | 泰州 | 13.8 | 靖江市的行政文化中心、生态居住中心、商业休闲中心以及特色旅游基地 |
| 16 | 盐城市聚龙湖商务商贸区 | 示范区 | 盐城 | 2 | 政治、经济、文化中心 |
| 17 | 宿迁市湖滨新城总部集聚区 | 示范区 | 宿迁 | 7.97 | 现代服务业集聚区 |
| 18 | 连云港徐圩新区 | 示范区 | 连云港 | 22.91 | 主导产业研发、中试等配套服务基地，公共服务和商务平台 |

续表

| 序号 | 示范区名称 | 类别 | 所在城市 | 用地规模( km² ) | 功能定位 |
|---|---|---|---|---|---|
| 19 | 南京河西新城 | 示范区 | 南京 | 30 | 集商务、文体、居住、旅游为一体的现代化新城区，是南京城市新中心 |
| 20 | 苏州工业园区 | 示范区 | 苏州 | 288 | 中国和新加坡两国政府间的重要合作项目 |
| 21 | 昆山市开发区 | 示范区 | 苏州 | 30 | 现代化绿色节能示范城市 |
| 22 | 无锡新区 | 示范区 | 无锡 | 220 | 研发工业园区 |
| 23 | 宜兴市示范区 | 示范区 | 无锡 | 46 | 以“湖畔新都、生态漫城”为发展目标，主要功能构成以生产性服务业、旅游业和传统服务业为主 |
| 24 | 镇江市润州区 | 示范区 | 镇江 | 13.92 | 新镇江的发展引擎，划分为“五区两轴五心”的结构：即度假休闲区、主题乐园区、商贸展示区、核心区、居住生活区 |
| 25 | 南通如东县 | 示范区 | 南通 | 30 | 上海北翼重要深水港区 |
| 26 | 扬州广陵区 | 示范区 | 扬州 | 8.5 | 传统商贸服务业和现代服务业共同发展，现代服务业与信息服务业互动并进 |
| 27 | 徐州市新城区 | 示范区 | 徐州 | 51.66 | 是区域性的商务、金融、文化中心，徐州市行政办公中心 |
| 28 | 徐州市沛县 | 示范区 | 徐州 | 10.9 | 行政、商贸、服务与居住 |
| 29 | 淮安工业园区 | 示范区 | 淮安 | 9.3 | 工业园区 |
| 30 | 大丰港经济区 | 示范区 | 盐城 | 17.7 | 多功能综合港 |
| 31 | 阜宁县城南新区一期 | 示范区 | 盐城 | 10 | 商务区、科教区、产业区 |
| 32 | 常州建设高等职业技术学校 | 示范区 | 常州 | 0.2894 | 学校 |
| 33 | 泰州医药高新技术产业开发区 | 提档升级 | 泰州 | 30 | 泰州商务行政文化中心等 |
| 34 | 昆山花桥国际金融服务外包区 | 提档升级 | 苏州 | 11.7 | 低碳生态综合金融服务区 |
| 35 | 淮安生态新城 | 提档升级 | 淮安 | 10.2 | 长江三角洲北部现代服务业中心，淮安中心城市行政、文化、体育中心，宜居新城 |
| 36 | 苏州吴中太湖新城 | 示范区 | 苏州 | 3.2 | 长三角活力地区枢纽新城，大苏州中央服务新城，滨湖最佳实践新城 |
| 37 | 常州市东经 120 创意生态街区 | 示范区 | 常州 | 2.5 | 金融机构 |
| 38 | 连云港经济技术开发区新海连•创智街区 | 示范区 | 连云港 | 2.3 | 片区级商务中心，活力时尚居住区，生态、高尚的居住社区 |

续表

| 序号 | 示范区名称 | 类别 | 所在城市 | 用地规模（km²） | 功能定位 |
|---|---|---|---|---|---|
| 39 | 扬州经济开发区临港新城 | 示范区 | 扬州 | 17.5 | 绿色生态港，智慧宜居城文化休闲都 |
| 40 | 宿迁市古黄河示范区 | 示范区 | 宿迁 | 5 | ①生态宜居社区；<br>②滨水休闲、旅游中心；<br>③文、教、卫一体化示范区 |
| 41 | 盐城市聚龙湖核心区 | 示范区 | 盐城 | 4.2 | 盐城市新的行政、文化、教育、商业中心和新型居住区 |
| 42 | 连云港连云新城商务中心区 | 示范区 | 连云港 | 58.8 | 城市商务中心区 |

（1）组织筹备评估

42 个示范区该项平均得分 10 分，是分项标准得分的一半（分项标准得分为 20 分）。其中，基础指标平均得分 7 分，是基础指标标准得分的 70%；提升指标平均得分 3 分，是提升指标标准得分的 30%。“规定动作”的完成情况远好于“自选动作”。42 个示范区的平均分项成功度为“可 +”，分项成功度达到“良”和“良”以上的示范区为 16 个，占示范区总数的 38.1%，其中 10 个示范区达到“优”或“优 +”水平。

（2）目标评估与效果评估

目标评估方面，42 个示范区该项平均评估得分 29.2 分，是分项标准得分的 53%（分项标准得分 55 分）。其中，基础指标平均得分 22.3 分，是基础指标标准得分的 70%；提升指标平均得分 6.9 分，是提升指标标准得分的 30%。“自选动作”的规划情况与“规定动作”的规划情况相比，有较大差距。42 个示范区的平均分项成功度为“可 +”，分项成功度达到“良”和“良”以上的示范区为 21 个，占示范区总数的 50%。其中 8 个示范区达到“优”或“优 +”水平。实地调研发现，部分示范区的建设管理部门与规划编制单位存在一定的“信息不对称”，规划指标并没有完全反映到建设管理部门的自评中。因此，示范区实际的指标得分应高于现有成绩。

实施效果方面，这 38 项指标的示范区平均得分 22.3 分，是分项标准得分的 40.5%（分项标准得分 55 分）。其中，基础指标平均得分 16.3 分，是基础指标标准得分的 50.9%；提升指标平均得分 6 分，是提升指标标准得分的 26.1%。42 个示范区的平均分项成功度为“差”，分项成功度达到“良”和“良”以上的示范区为 8 个，占示范区总数的 19%。其中 5 个示范区达到“优”或“优 +”水平。

（3）可持续性评估

可持续性方面，42 个示范区该项平均得分 29 分，是分项标准得分的 72.5%（分项标准得分为 40 分）。其中，基础指标平均得分 26.1 分，是基础指标标准得分的 93.2%，完成度理想；提升指标平均得分 2.9 分，是提升指标标准得分的 24.2%，完成度较低。因此，“规定动作”完成情况远远好于“自选动作”。42 个示范区整体处于“优 +”水平，达到“优 +”的示范区共 27 个。如图 4-5~ 图 4-8 所示。

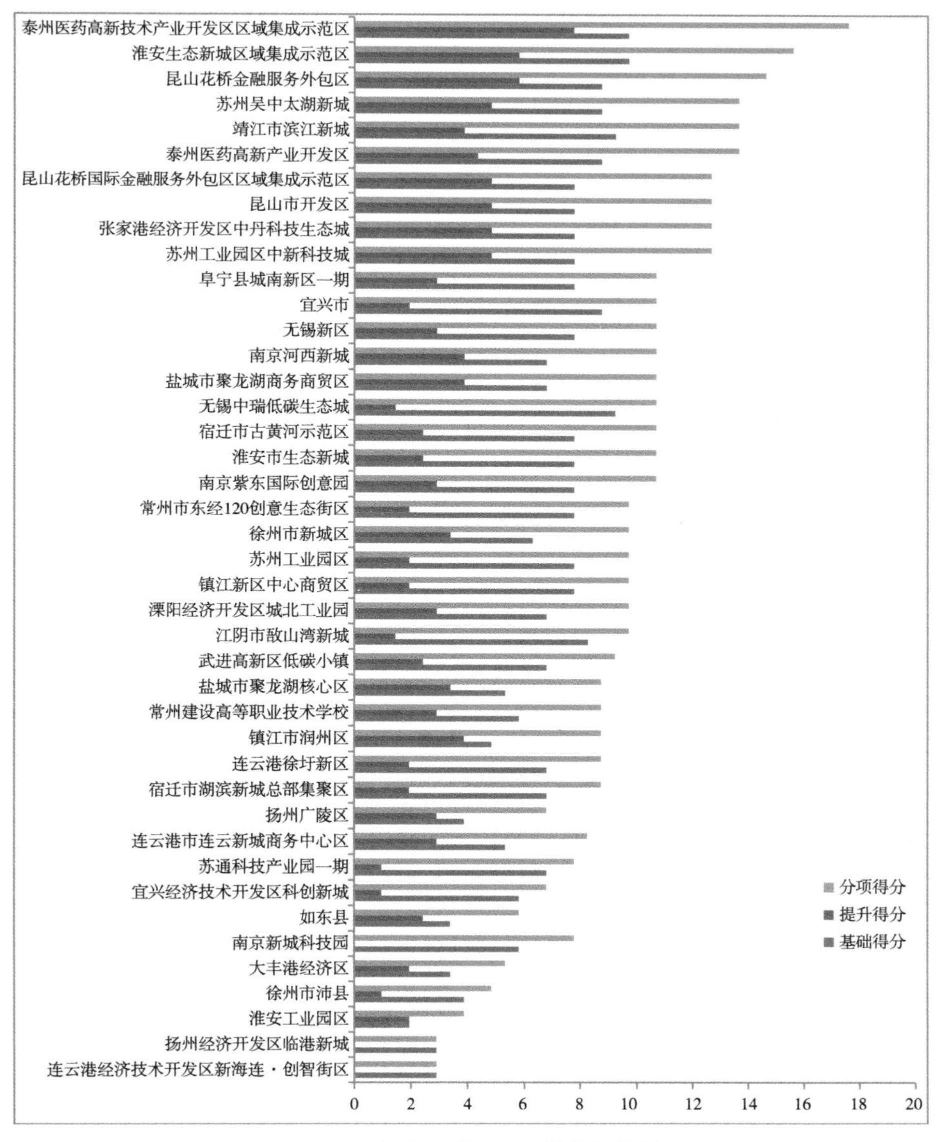


图 4–5 绿色生态城区组织筹备评估结果

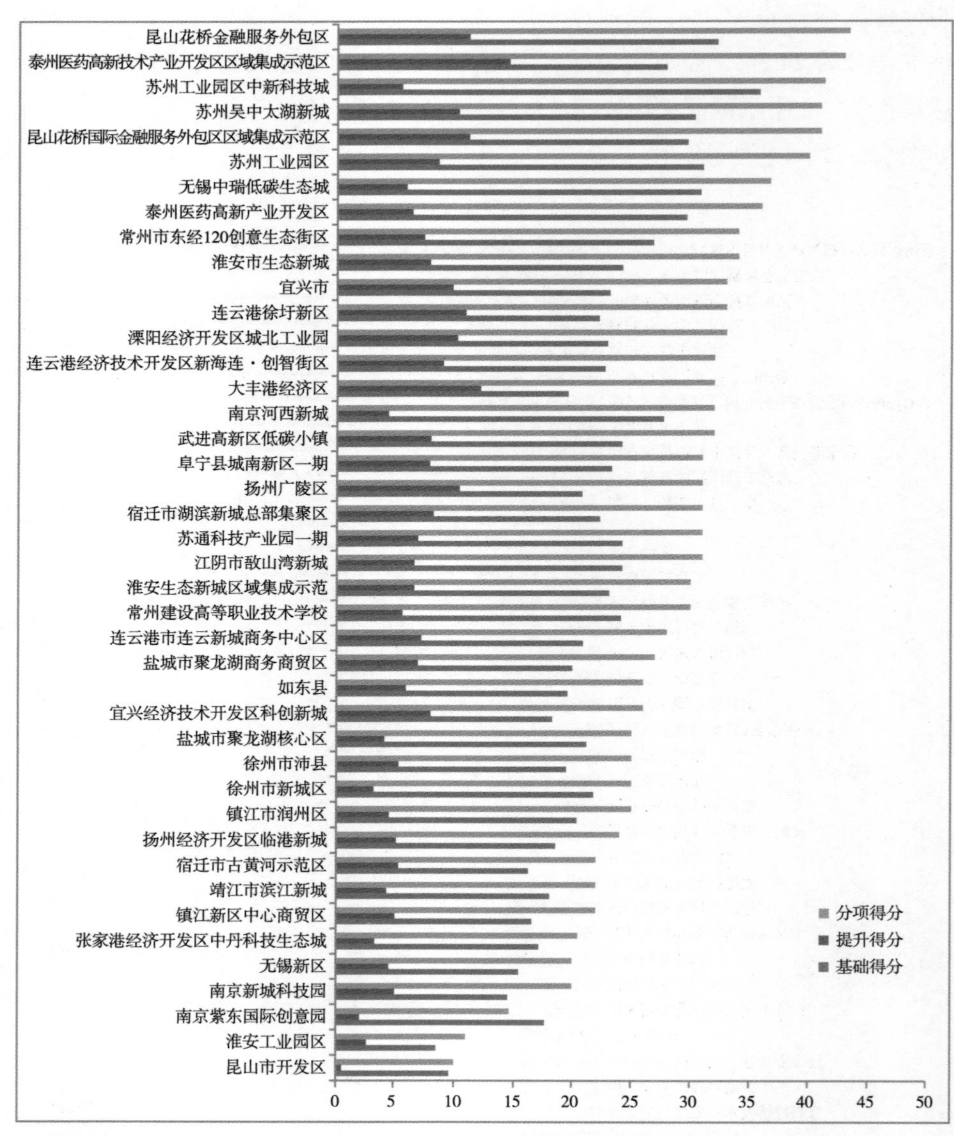


图 4-6 绿色生态城区目标评估结果

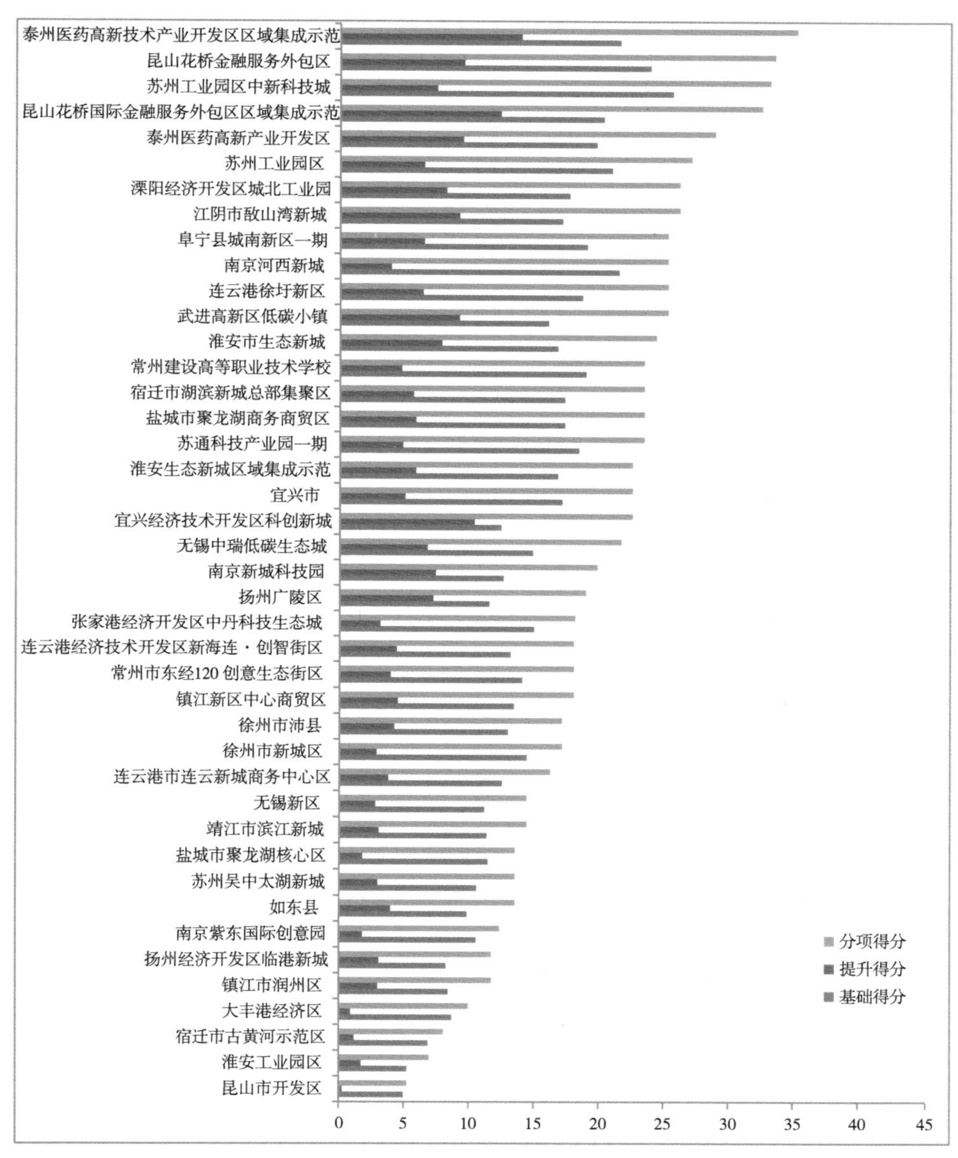


图 4-7 绿色生态城区效果评估结果

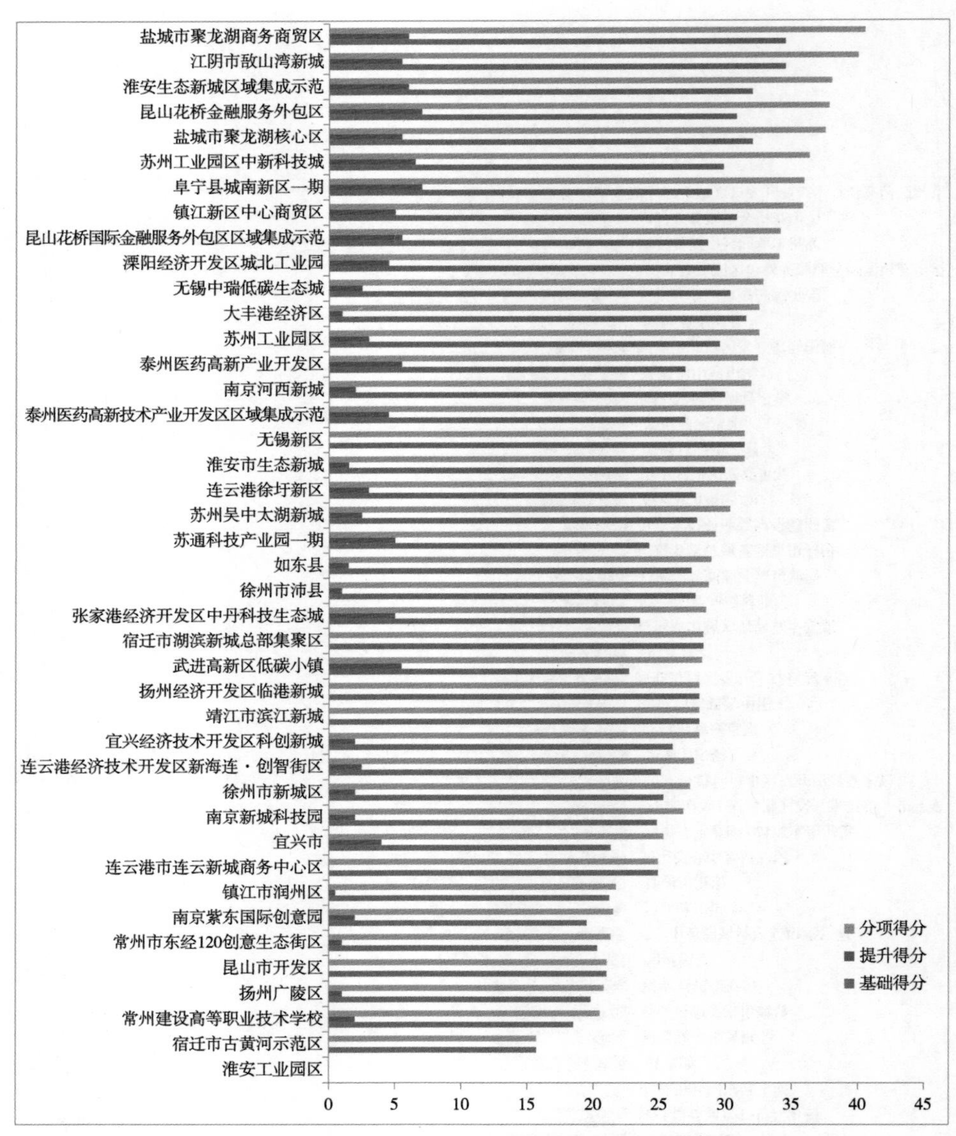


**图 4–8 绿色生态城区可持续性评估结果**

（4）项目综合成功度

综合分项评估成绩，42 个示范区该项平均总得分 76.8 分，是标准得分的 72.5%（标准得分 170 分），示范区整体处于“可”水平。其中，基础指标平均得分 61.9 分，是基础指标标准得分的 60.7%，完成度相对较好；提升指标平均得分 14.9 分，是提升指标标准得分的 21.9%，完成度较低。42 个示范区的综合成功度中，“优 +” 5 个、“优” 1 个、“良 +” 7 个、“良” 6 个、“可 +” 6 个、“可” 9 个、“差” 5 个、“差 -” 3 个。绿色生态城区项目综合成功度（按地区排列）如图 4-9 所示。

按年度排列来看，2010 年度示范区整体实施情况最好，综合得分平均值达到 106.3 分，2011 年度示范区整体实施情况最差，综合得分平均值仅为 36.3 分，2012 年度示范区综合得分平均值达到 80.0 分 ,2013 年度示范区综合得分平均值达到 94.5 分，2014 年度示范区综合得分平均值达到 83 分。2010 年是江苏的绿色生态城区元年，在建筑节能和绿色建筑工作基础扎实，并取得较好成果的基础上，开展了区域集成示范的尝试。当年申报的示范区多是经济较发达，率先践行绿色生态发展理念，已开展相关规划、建设探索的新城区、开发区，这些区域经过 4 年的创建，不仅顺利通过验收，还在理念创新、机制构建、技术发展、产业带动等方面积累了相当多的经验，因此整体评估结果优良。2011 年度示范区在 2010 年度示范区的示范效应影响下，在数量上实现了较大增长，但是创建区域的基础情况良莠不齐，示范区功能定位与发展目标不匹配、组织机构频繁变更等因素影响了绿色生态发展水平；另外 2014 年由于国家土地政策紧缩等原因，影响了各地市场化绿色建筑项目的实施进度，也导致 2011 年度示范区绿色建筑发展情况不够理想，拉低了总体得分。2012 年、2013 年度示范区也一定程度上受到政策和市场因素影响，但是由于主管部门不断调整工作思路，引导实施单位把创建重点转到规划落地、机制构建、重点亮点工程实施等方面，加上管理经验的累积，对示范区的分类指导更加具有针对性，示范区实施单位也加强了对绿色生态理念的理解，结合区域特点开展创建，逐渐提升了示范区的创建和成果水平。

按地区划分，苏南示范区平均综合得分 79.6，苏中示范区平均综合得分 75.0，苏北示范区平均综合得分 70.5。细分到设区市来看，苏州市下辖示范区数量居各设区市首位，平均综合得分 96.6 分，在全省位居首位，泰州市下辖示范区平均综合得分 91.0 分，位居第二。总体来看，示范区综合得分与所在地区经济发展水平并无显著关系。总体来看，江苏的示范区经过 4 年的努力，因地制宜的创建思路贯彻较好，大部分示范区能够结合地区特点，打造示范亮点，获得了较好的初步成效。

## 4.4 绿色生态城区阶段性运营评估典型案例——南京河西新城区

### 4.4.1 项目概况

南京河西新城区是南京主城的西片区。北起三汊河口，南至秦淮新河，

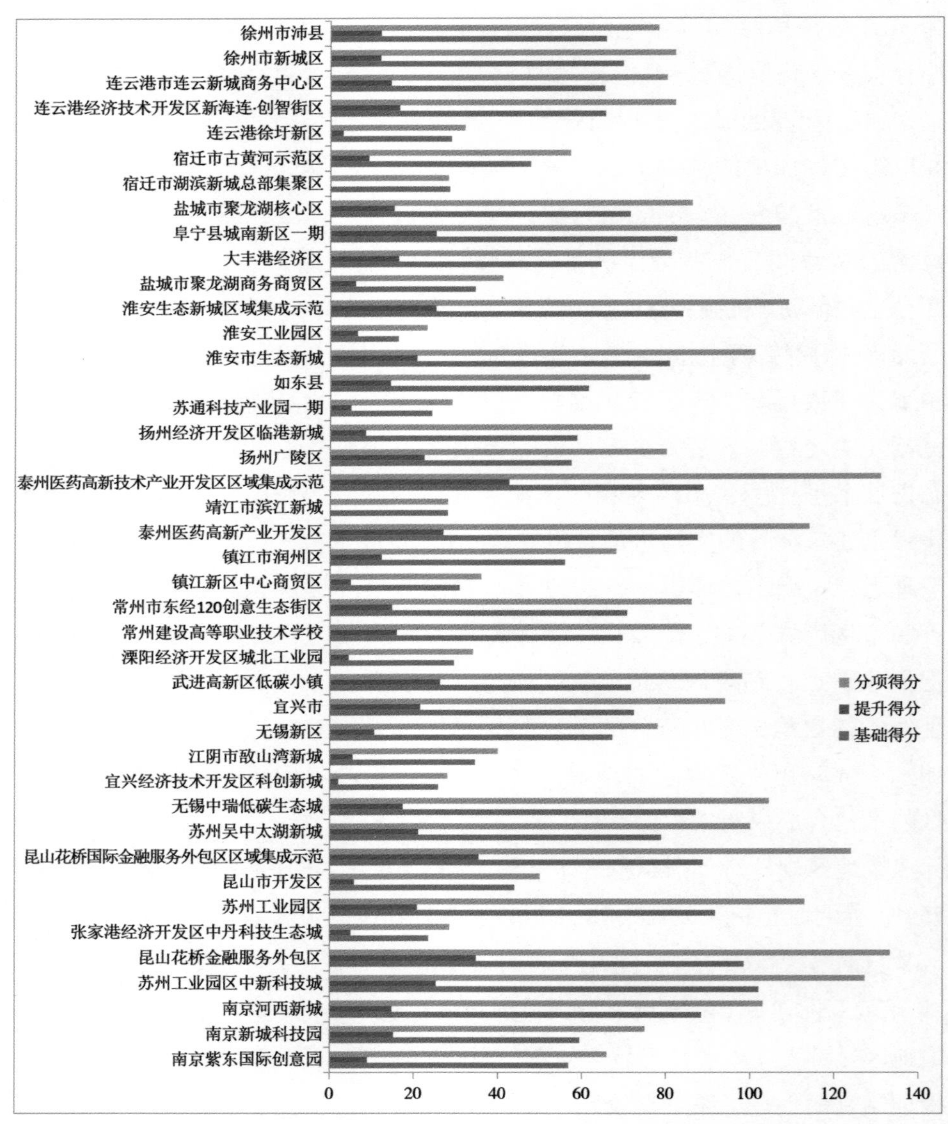


图 4-9 绿色生态城区项目综合成功度（按地区排列）

东依外秦淮河，西临长江，总面积约 94km²，其中江域面积 23km²，陆域面积 71km²，分为北部、中部、南部、江心洲四个区域。河西新城区（图 4-10）先后获得省级建筑节能和绿色建筑示范区、国家级绿色生态示范城区、国家级智慧城市示范城区称号，并且是全省唯一的省市共建绿色生态示范城。河西新城南部地区（面积 15km²）和江心洲地区（面积 15km²）是绿色生态城区所在区域,也是运营评估区域范围,其中,河西新城南部地区（以下简称“新城南部”）的整体建设进度较快，是评估重点区域。

新城南部开发建设坚持“人文、宜居、智慧、绿色、集约”的理念，以金融保险、商务商业、行政办公、总部研发、创新创意、文体会展和休闲居住等为核心功能，致力打造高端产业繁荣、城市功能完善、服务体系发达、创新活力迸发的现代化国际性城市新中心。目前新城南部用地开发已形成四个组团，现状道路骨架已经形成，各类基础设施和工程项目正在有序开发中。江心洲地区道路和工程项目正在有序推进中，主要开发集中在江心洲的中部地区。绿色生态城区总体建设进度超过 50%。

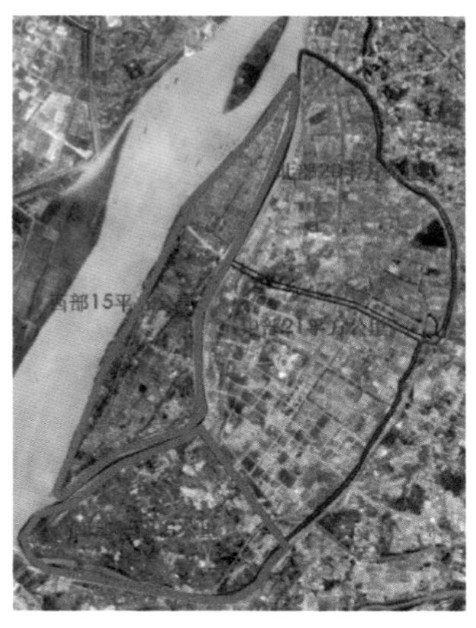


图 4–10　河西新城区片区组成

河西新城区阶段性运营评估主要选择了建筑能源和城市绿色照明系统、城市水资源系统、绿色建筑重点项目作为评估对象，这也是新城南部绿色生态城区建设成效显著的三项工作。

4.4.2　绿色建筑运营评估

绿色建筑运营评估是对绿色建筑投入使用后的效果评价，包括建筑运行中的能耗、水耗、材料消耗水平评价，建筑提供的室内外声环境、光环境、热环境、空气品质、交通组织、功能配套、场地生态的评价，以及建筑使用者干扰与反馈的评价。本次绿色建筑运营评估，是以获得绿色建筑标识的项目为研究对象，以调查统计、模拟计算、检测测试、对比分析、现场调研等方法为研究手段，总体分析绿色建筑项目的运行特点、成功经验、存在问题、发展潜力的研究工作。该工作对于在微观上指导河西新城绿色建筑具体项目的运作管理、运行维护、节能监管，以及在宏观上支持国家和地方相关政策的制定和调整有重要的借鉴作用。

绿色建筑运营评估研究对象共 8 个示范项目，包括 6 个公共建筑项目和 2 个居住建筑项目，总建筑面积 97.42 万 m²。8 个项目均已获得绿色建筑设计标识，包括 2 个三星级绿色建筑、6 个二星级绿色建筑。绿色建筑项目技术经济指标汇总表见表 4-2。

**绿色建筑项目技术经济指标汇总表** 表 4-2

| 序号 | 项目名称 | 建筑类型 | 建筑面积（万 m²） | 绿色建筑 | 示范技术增加投资（万元） | 单位面积电耗（kWh/m²） | 年节电量（万 kWh） | 节省费用（万元） | 实际回收期（年） |
|---|---|---|---|---|---|---|---|---|---|
| 1 | 河西地区综合性医院（儿童医院） | 公共建筑 | 16.78 | 三星级 | 1193.00 | 73.12 | 187.43 | 106.84 | 11.2 |
| 2 | 新纬壹国际生态科技园展示中心 | 公共建筑 | 5.26 | 二星级 | 545.00 | 66.64 | 96.57 | 55.05 | 9.9 |
| 3 | 青奥能源站 | 公共建筑 | 1.81 | 二星级 | 144.87 | 70.53 | 26.19 | 14.93 | 9.7 |
| 4 | 江苏省绿色建筑与生态智慧城区展示中心 | 公共建筑 | 0.57 | 三星级 | 61.50 | 52.54 | 9.95 | 5.67 | 10.8 |
| 5 | 国际风情街 | 公共建筑 | 5.78 | 二星级 | 148.40 | — | — | — | — |
| 6 | 南京海峡城一期 C 地块 1 ~ 6 号楼 | 居住建筑 | 18.98 | 二星级 | 436.84 | 3314kWh（kWh/户·年） | — | — | — |
| 7 | 五矿·崇文金城住宅小区 | 居住建筑 | 48.24 | 二星级 | 1203.18 | — | — | — | — |
| 8 | 五矿·崇文金城幼儿园 | 公共建筑 |  | 二星级 | 52.38 | — | — | — | — |

建筑使用者反馈的评价从绿色建筑了解情况、建筑节能、室内环境、绿色生态城区等方面开展绿色建筑用户体验问卷调研（图 4-11），得出绿色建筑总体满意度评估情况。绿色建筑认知情况整体良好，对绿色公共建筑认知率略高于绿色居住建筑。约有 82% 的用户对绿色建筑理念有一定的了解，75% 以上的人了解对本建筑采用的绿色建筑技术。可见绿色建筑的理念和技术推广、宣传工作效果显著。建筑节能满意度方面，约有 88.5% 的用户认为绿色建筑实际能耗较低，绿色建筑整体节能效果良好，与运行实测能耗数据分析结果一致。室内环境满意度方面，90% 以上的实际使用者认为绿色建筑提供了一个令人舒适的室内环境，绿色建筑相关技术对室内环境改善有明显的作用，特别是采光和通风效果改善明显。

大多数受访者认为在过去一年里河西新城区域的环境质量（水质、空气、噪声、绿化等综合指标）的变化趋势总体是有所提升的；整个城区在绿色、生态、低碳、智慧方面的发展成果得到了一定程度的认可，但发展潜力仍然比较大。从整体调研结果来看，河西绿色建筑和生态智慧城区的发展不应仅仅停留在建筑本身的发展，而应更多地从区域空间特色、经济构成和设施建设水平入手，强调差异性发展，进一步优化功能配置、降低出行成本、提升生活品质、提高资源利用效率。绿色建筑示范项目运营测评结果汇总表见表 4-3。

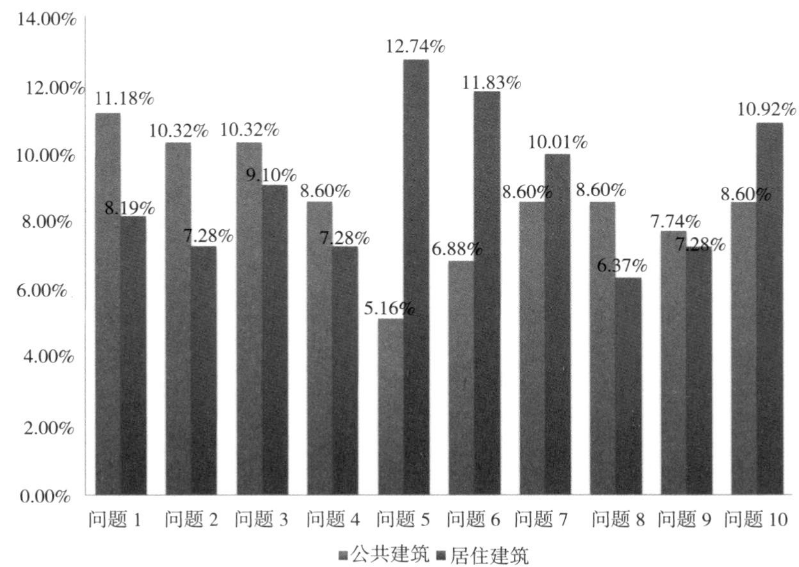


图 4–11 问卷建筑节能部分各题得分图

**绿色建筑示范项目运营测评结果汇总表** 表 4–3

| 项目名称 | 能耗指标 | 室内热环境 | | 室内外声环境 | | 室内光环境 | | 室内风环境和空气质量 | | | | | | 围护结构热工性能 |
|---|---|---|---|---|---|---|---|---|---|---|---|---|---|---|
| | 耗电量（kWh/m²·a） | 工作区域温度（℃） | 工作区域RH（%） | 室外环境噪声（dB） | 室内背景噪声（dB） | 自然采光系数(%) | 照明功率密度（W/m²） | 工作区域风速 (m/s) | 甲醛 (mg/m³) | 氨 (mg/m³) | 氡 (Bq/m³) | 苯 (mg/m³) | TVOC(mg/m³) | 热工缺陷 |
| 河西儿童医院 | 73.12 | 26.0~27.7 | 61.0~71.9 | ＜55 | 32.1~39.8 | 0~185 | 356~432 | 0.09~0.20 | 0.02 | ＜0.1 | 4.2~20.8 | ＜0.01 | 0.2~0.3 | 达标 |
| 青奥能源中心 | 70.53 | 26.8~28.1 | 57.5~65.8 | ＜55 | 36.2 | 20~320 | 300~309 | 0.09~0.18 | 0.02 | ＜0.1 | 11.0 | ＜0.01 | 0.3 | 达标 |
| 新纬壹国际生态科技园展示中心 | 66.64 | 25.8~27.3 | 55.7~69.8 | ＜55 | 34.1~39.5 | 100~215 | 320~412 | 0.13~0.23 | 0.01 | ＜0.1 | 22.8 | 0.02 | 0.2 | 达标 |
| 江苏省绿色建筑与生态智慧城区展示中心 | 54.29 | 26.1~27.6 | 63.5~76.8 | ＜55 | 38.5~39.5 | 20~105 | 301~326 | 0.10~0.21 | 0.02~0.03 | ≤0.1 | 4.2~8.8 | ≤0.01 | 0.2~0.4 | 达标 |
| 国际风情街 | — | — | — | ＜55 | 44.8 | 155~301 | 230 | — | — | — | — | — | — | 达标 |
| 南京海峡城一期住宅小区 | 36.82 | 25.5~26.3 | 56.0~67.5 | ＜55 | 37.5~39.2 | 300~420 | — | 0.13~0.15 | — | — | — | — | — | 达标 |
| 五矿·崇文金城住宅小区 | — | 25.6~26.4 | 64.8~75.5 | ＜55 | 36.5~38.8 | 300~350 | — | 0.14~0.18 | — | — | — | — | — | 达标 |
| 五矿·崇文金城幼儿园 | — | 26.2~27.1 | 63.0~72.0 | ＜55 | 35.8~39.1 | 280~320 | 302~351 | 0.15~0.25 | — | — | — | — | — | 达标 |

### 4.4.3 建筑能源与城市绿色照明系统运营评估

主要针对建筑能源与城市绿色照明系统的前期规划、建设成果、运行管理效果、社会环境效益及影响进行评价。通过资料调研和现场调研等方法对项目建设情况进行客观分析，判断建筑能源与城市绿色照明系统是否达到预期建设目标；通过在线测试的方法获得示范项目的实际运行数据，分析项目的社会经济效益；分析评价并总结经验教训，提出完善和改进建议，从而提高建筑能源与城市绿色照明系统运营水平。内容主要包括建筑用能评估、建筑能源系统评估和城市绿色照明系统评估三部分。

河西新城区建筑用能评估对象是 20 个示范项目，见表 4-4 和表 4-5。主要评估供暖空调能耗、生活热水能耗和照明能耗。经实地调研示范项目，得到用能系统建设运营情况。建筑用能系统实行被动优先，主动优化的策略，采用建筑围护结构保温措施，充分利用多种形式的可再生能源，强化节能运营管理办法。多个大型建筑用能系统（河西儿童医院、新纬壹国际生态科技园展示中心）运行效果突出，用户体验良好。

**公共建筑示范项目用能信息** **表 4–4**

| 序号 | 项目名称 | 建筑功能 | 冷热源 | 是否太阳能光伏 | 能量回收 | 热水形式 | 建筑节能率（%） | 绿建星级 |
|---|---|---|---|---|---|---|---|---|
| 1 | 国际风情街 | 商业 | 能源中心 | 是 | 是 | 能源中心供热水 | 65 | 二星 |
| 2 | 南部市政综合体 | 办公 | 风冷螺杆冷水机组 + 地源热泵系统 | 是 | — | — | 65 | — |
| 3 | 正荣集团幼儿园 | 幼儿园 | 多联式空调系统 | — | 是 | 太阳能光热 | 68.27 | 三星 |
| 4 | 市纪委监察局新建配套附属用房 | 办公 | 多联式空调系统 | — | 是 | 太阳能光热 | 65 | 二星 |
| 5 | 河西儿童医院 | 医院 | 电厂余热蒸汽溴化锂吸收制冷 + 溴化锂直燃机组 | 是 | 是 | 蒸汽锅炉供热水 | 65 | 三星 |
| 6 | 新纬壹国际生态科技园展示中心 | 公共 | 地源热泵系统 | — | 是 | — | 65.7 | 二星 |
| 7 | 五矿幼儿园 | 幼儿园 | 多联式空调系统 | 是 | 是 | 太阳能光热 | 69.89 | 二星 |
| 8 | 青奥城区域能源中心 | 公共 | 电厂余热冷热电三联供 | 是 | — | 能源中心供热水 | 50 | 二星 |
| 9 | 南京外国语学校河西分校 5 号楼报告厅 | 学校 | 地源热泵系统 | — | — | — | 65 | 三星 |

续表

| 序号 | 项目名称 | 建筑功能 | 冷热源 | 是否太阳能光伏 | 能量回收 | 热水形式 | 建筑节能率（%） | 绿建星级 |
|---|---|---|---|---|---|---|---|---|
| 10 | 南京外国语学校河西分校 1 ～ 3 号楼、6 ～ 7 号楼 | 学校 | 分散式空调 | — | — | — | 65 | — |
| 11 | 南京外国语学校河西分校 4 号和 11 号楼 | 学校 | 地源热泵系统 | — | 是 | — | 65 | 二星 |
| 12 | 南京外国语学校河西分校 8 ～ 10 号楼 | 学校 | 分散式空调 | — | 是 | 太阳能光热 | 50 | — |

**居住建筑示范项目用能信息** **表 4–5**

| 序号 | 项目名称 | 冷热源 | 热水形式 | 节能率（%） | 绿建星级 |
|---|---|---|---|---|---|
| 1 | 保利住宅（江心洲紫荆公馆） | 分散式空调 | 空气源热泵热水器 | 69 | — |
| 2 | 正荣集团住宅 | 多联式空调系统 | 太阳能光热 | 65 | 二星 |
| 3 | 江心洲银城 G32 项目（观澜润园） | 分散式空调 | — | 74.26 | 二星 |
| 4 | 江心洲银城 G34 项目（观澜沁园） | 分散式空调 | — | 65.53 | 二星 |
| 5 | 新加坡·南京生态科技岛一期经济适用住房 | 分散式空调 | 太阳能光热 | 79.79 | 一星 |
| 6 | 南京海峡城一期 C 地块 1 ～ 6 号楼 | 多联式空调系统 + 燃气采暖热水炉 | — | 66.06 | 二星 |
| 7 | 南京海峡城一期 E 地块 1 ～ 10 号楼 | 分散式空调 | — | 66 | — |
| 8 | 五矿住宅 | 分散式空调 | 社区中心采用太阳能光热 | 65.78 | 二星 |

建筑能源系统评估对象是青奥能源中心和儿童医院能源中心（图 4-12）。两个项目为采用冷热电三联供的分布式能源站，以热电厂发电余热蒸汽为主要能源，辅以天然气及网电，依托环保节能的非电空调、非电热泵等先进技术和多能互补、梯级利用的集约优化方案，实现集中供冷供热目标。青奥能源站总装机容量 79909 kW（制冷），主要服务于约 100 万 m² 的市政设施综合体，包括：青奥村、国际风情街、奥林匹克博物馆和国际青年文化中心。儿童医院能源站主要服务于四栋 16.76 万 m² 的医院建筑。

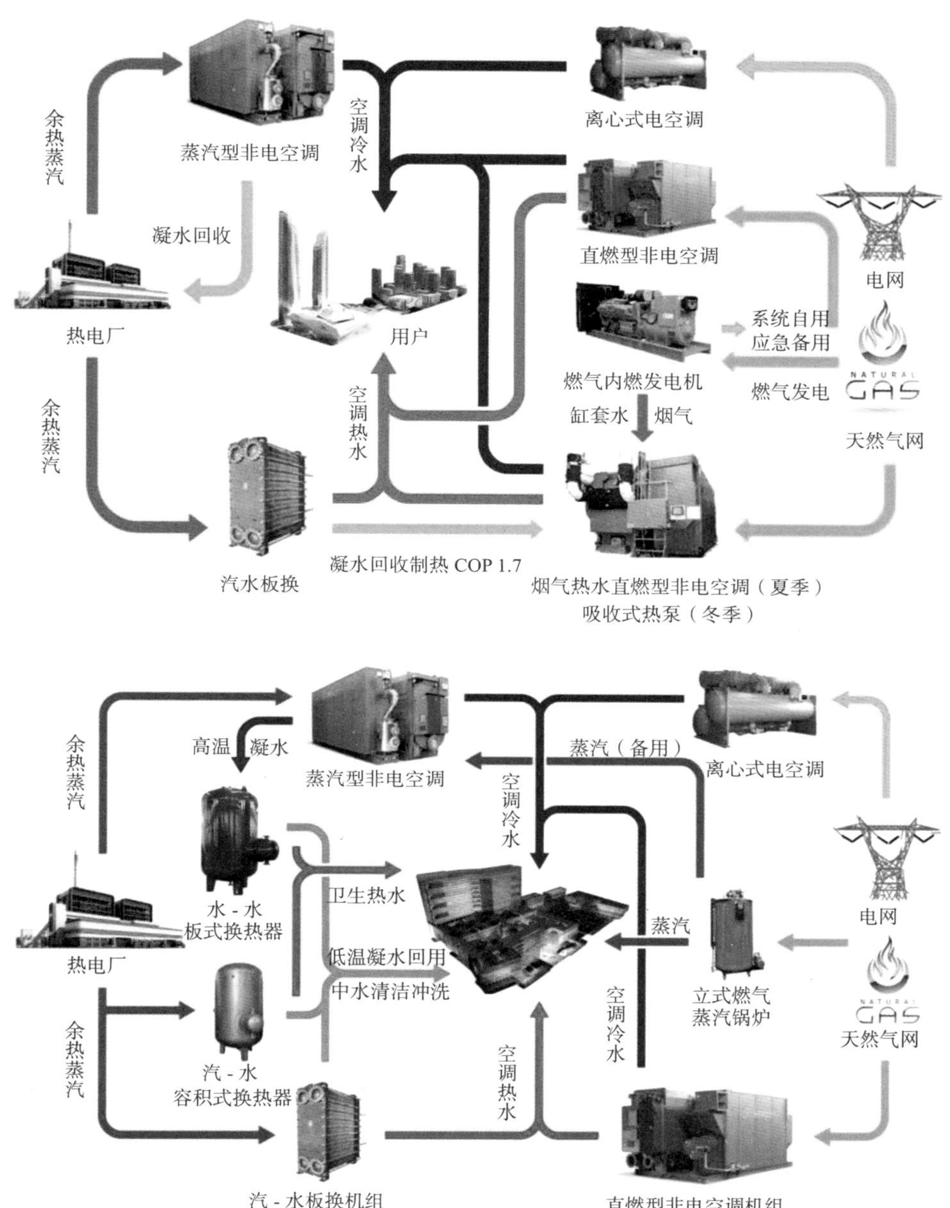


图 4–12　青奥城能源中心和儿童医院能源中心能流图

针对青奥能源中心和儿童医院能源中心，经过调研、实测、计算和分析，结果表明：采用目前的能源系统与常规小型电制机组制冷、天然气锅炉制取生活热水的情况相比，节能减排效果明显。青奥能源中心全年节能减排量见表 4-6。

**能源中心全年节能减排量** 表 4-6

| 分项 | 冷热源 | 理想服务范围 | 实际服务范围 | 减排分项 | 理想负荷下节能减排量（t/年） | 当前负荷下节能减排量(t/年) |
|---|---|---|---|---|---|---|
| 青奥能源中心 | 冷源：电厂余热蒸汽，天然气、电力<br>热源：电厂蒸汽、燃气 | 青奥村、国际风情街、奥林匹克博物馆和国际青年文化中心，共100万 m² | 国际青年文化中心、奥林匹克博物馆、集中洗衣房的部分区域，共10.8万 m² | 标准煤 | 1755 | 118 |
| | | | | $CO_2$ | 4332 | 291 |
| | | | | $SO_2$ | 35 | 2.36 |
| | | | | 粉尘 | 17 | 1.18 |
| 儿童医院能源中心 | 冷源：电厂蒸汽、电力<br>热源：电厂蒸汽 | 儿童医院，共16.76万 m² | 儿童医院的部分区域，共3.6万 m² | 标准煤 | 217 | 8.4 |
| | | | | $CO_2$ | 686 | 20.7 |
| | | | | $SO_2$ | 5.6 | 0.17 |
| | | | | 粉尘 | 2.8 | 0.08 |

城市绿色照明系统评估对象为河西新城南部地区和江心洲的市政照明。道路照明系统大面积采用先进的LED路灯和陶瓷金卤灯，高效节能灯具应用率达100%。高效高压钠灯主要在快速路、主干道使用；LED路灯和陶瓷金卤灯在次干道、支路、街巷、慢行系统以及各类景观照明中使用。青奥公园、河西鱼嘴鱼背湿地公园、江东南路景观照明等景观照明全部采用LED景观灯。同时在恒河路、天保街等路段广泛使用单灯控制技术，在江东南路等路段使用变功率镇流器等节能手段。

采用均分布点照度测试方法，针对五条道路进行照度测试，测试结果显示河西新城节能路灯满足照度指标要求，见表4-7。

**路灯照度测试汇总** 表 4-7

| 灯具类型 | 平均照度 Eav（lx） | 均匀度 UE |
|---|---|---|
| LED1 | 46.7 | 0.55 |
| LED2 | 21.9 | 0.48 |
| LED3 | 25.0 | 0.5 |
| 陶瓷金卤 | 27.9 | 0.41 |
| 高压钠灯 | 31.6 | 0.7 |

新城南部和江心洲路灯采用后半夜功率减半的运营策略，按照每天运营10h计算年用电量数据。新城南部和江心洲路灯照明系统年用电量为524.28万kWh，相比同级别道路普通照明系统，年节约用电量1225.34万kWh，合

计节约 4043.62t 标准煤，节能率高达 70%。折合 $CO_2$ 减排量 9988.0t，$SO_2$ 减排量 81.0t，粉尘减排量 40.5t，节能减排效益显著，见表 4-8。

**路灯节能汇总情况表** **表 4–8**

| 区域 | 道路等级 | 路灯数量 | 每年耗电（万 kWh） | 每年节约电能（万 kWh） | 每年节约电能（t 标准煤） |
|---|---|---|---|---|---|
| 南部地区 | 主干路 | 3142 | 155.40 | 429.48 | 1417.28 |
| | 次干路 | 2040 | 94.13 | 159.03 | 524.80 |
| | 支路 | 950 | 44.92 | 28.76 | 94.91 |
| | 景观照明 | 113694 | 179.62 | 525.85 | 1735.31 |
| | 合计 | 119826 | 474.08 | 1143.12 | 3772.30 |
| 江心洲 | 主干路 | 254 | 20.29 | 26.99 | 89.07 |
| | 次干路 | 686 | 29.91 | 55.22 | 182.23 |
| | 合计 | 940 | 50.20 | 82.22 | 271.33 |
| 总计 | | 120766 | 524.28 | 1225.34 | 4043.62 |

经总结，建筑能源与城市绿色照明系统运营成效如下：

①示范项目建筑用能系统设计符合规范标准，可再生能源系统的建设得到了落实。建成的可再生能源系统已投入运营，有指定部门进行专业规范的管理维护，运行效果良好。

②两个能源中心的制冷系统效率高，供热系统管网损失率低，运行管理办法有效，运营状况良好。相比常规的分散式制冷供暖系统，全年节能减排量显著。但运营管理方面尚存在不足，如项目初期入住率等原因导致系统在低负荷状态运行，此时应及时调整系统运行方法从而提高系统效率。预计随着运行方式改善以及用户入住率的增加，能源中心的经济效益和环境效益将逐步增大，将起到良好的示范引导作用。

③河西新城绿色照明系统共计使用 1090 盏高压钠灯，LED 灯或陶瓷金卤灯 7923 盏；河西青奥公园等七处景区共用 121551 盏 LED 景观照明灯。已建新建道路装灯率、高效节能灯具应用率达到 100%，节能效益明显，见表 4-9。

**建筑能源与城市绿色照明系统运营评估指标表** **表 4–9**

| 分项 | 指标 | 指标单位 | 实际指标值 | 规范限值 |
|---|---|---|---|---|
| 建筑能源系统 | 可再生能源应用比例 | % | 70% | ≥ 85% |
| | 可再生能源替代率 | % | 15.6 | ≥ 13 |
| | 分布式能源中心建设 | — | 2 处 | 2 处及以上 |

续表

| 分项 | 指标 | 指标单位 | 实际指标值 | 规范限值 |
|---|---|---|---|---|
| 青奥能源中心 | 电制冷机组 COP | — | 5.57 | ≥ 5.90 |
| | 电冷源综合制冷性能系数（SCOP） | — | 4.69 | ≥ 4.6 |
| | 直燃型溴化锂吸收式冷（温）水机组性能 | — | 制冷 1.36<br>供热 0.93 | 制冷≥ 1.2<br>供热≥ 1.9 |
| | 空调冷水系统耗电输冷比（ECR-a） | — | 0.021 ~ 0.041 | ≤ 0.04169 |
| | 集中供暖系统耗电输热比（EHR-h） | — | 0.0084 ~ 0.0509 | ≤ 0.052 |
| | 供热系统输配能耗 | kWh/（m²· a） | 0.756 | ≤ 1.3 |
| | 单位面积采暖空调能耗 | kWh/（m²· a） | 21.12 | ≤ 34.16 |
| 儿童医院能源中心 | 直燃型溴化锂吸收式冷（温）水机组性能 | — | 制冷 1.17<br>供热 0.93 | 制冷≥ 1.2<br>供热≥ 1.9 |
| | 空调冷水系统耗电输冷比（ECR-a） | — | 0.0501 ~ 0.0662 | ≤ 0.04881 |
| | 集中供暖系统耗电输热比（EHR-h） | — | 0.0127 ~ 0.0269 | ≤ 0.034 |
| | 供热系统输配能耗 | kWh/（m²· a） | 1.2711 | ≤ 1.3 |
| | 单位面积采暖空调能耗 | kWh/（m²· a） | 28.08 | ≤ 34.16 |
| 供热管网 | 管网热损失率指标 | % | 2.90 | 3 |
| 城市照明系统 | 高效节能灯具应用率 | % | 100 | 100 |
| | 道路照明亮灯率 | % | 100 | ≥ 98 |
| | 新建道路装灯率 | % | 100 | 100 |
| | 路面照度（平均照度） | | 21.9 ~ 46.7 | ≥ 15 |
| | 路面照度（均匀度） | — | 0.41 ~ 0.7 | ≥ 0.35 |

#### 4.4.4 城市水资源系统运营评估

城市水资源系统运营评估以城市总体规划为指导，以控制性详细规划及城市水资源综合利用专项规划为依据，对新城南部和江心洲地区城市水资源系统状况进行评价，全面分析水资源系统建设效果，总结建设过程中的经验，提出改进水资源系统工作的建议。本次城市水资源系统运营评估范围包括新城南部和江心洲地区，评估对象为城区给水系统、污水再生系统、建筑节水及海绵城市。

给水系统方面，新城南部和江心洲用水取自建邺区的北河口水厂和城南水厂。北河口、城南水厂供水规模分别达到 120 万 $m^3$/ 日、30 万 $m^3$/ 日，两座水厂均以长江（夹江）为供水水源，供水管网足以满足区域已建项目的用水需求。供水管网建设状况良好，供水管网足以满足区域已建项目的用水需求，供水管网覆盖率达 100%。根据供水管网进度图测算，新城南部供水管网建成率达 82.8%，江心洲地区供水管网建成率为 46.0%。地块管网漏损率得以计量，南京水务集团在每个已建项目周边设置总表，可根据计量结果，采取多种措施控制地块城市管网漏损率。同时新城南部和江心洲各项目根据实际需要，在地块内部设置了二次加压系统。河西新城区供水管网规划和建设现状如图 4-13 所示。

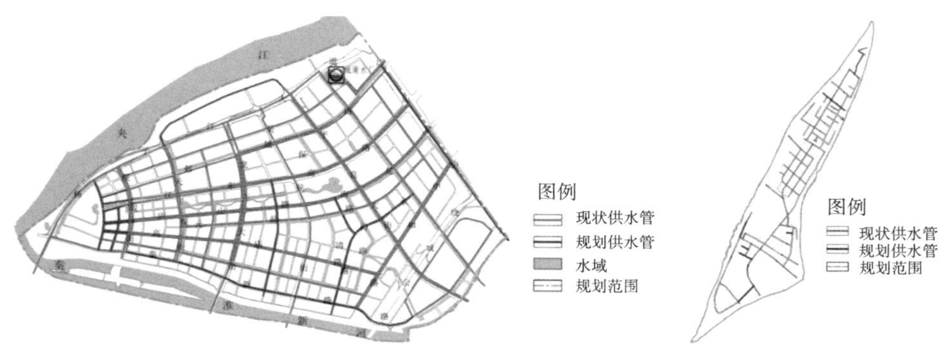


**图 4-13 河西新城区供水管网规划和建设现状图**

污水处理系统方面，新城南部和江心洲污水均由江心洲污水处理厂收集处理，江心洲污水处理厂采用“A-O”的处理工艺，执行国标一级 B 标准，日处理能力 64 万 $m^3$/ 日，污水处理厂处理工艺及规模足以满足城区需求。污水收集系统满足区域污水收集需求，污水管网覆盖率达 100%。根据污水管网进度图测算，河西新城南部地区污水管网建成率达 82.1%。而江心洲生态科技岛污水管网建成率为 42.9%，新城南部和江心洲地区仍处于高速发展阶段，随着主干道的不断铺设，污水主管也将逐渐建设完成。城市再生水回用系统逐步开始完善，江心洲地区已建设完成 4.1km 的再生水管网，其中约 1 公里位于综合管廊中，再生水干管覆盖率达到 43.6%。江心洲污水处理厂污水排放水质图如图 4-14 所示。

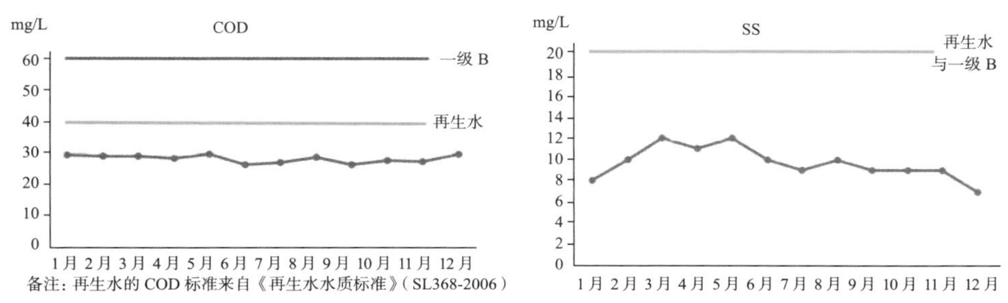


**图 4-14 江心洲污水处理厂污水排放水质图**

建筑节水方面，河西新城的大型建材家居市场内售卖的常规用水器具均为节水器具；新建建筑节水器具的普及率达100%，通过推广使用节水器具，节水减排效果显著。大多数项目开展了雨水回用，重点项目均规划设置雨水回用系统，总雨水利用率为3.81%，其中已建成雨水回用设施的绿建项目有河西儿童医院、南京海峡城及南京外国语学校河西分校等，见表4-10。

新城南部雨水回用状况　表4–10

| 序号 | 项目名称 | 雨水利用率 | 建设进度 |
|---|---|---|---|
| 1 | 国际风情街 | 1.38% | 已建 |
| 2 | 南部市政综合体 | 1.81% | 未建 |
| 3 | 正荣集团C/D地块 | 3.28% | 在建 |
| 4 | 正荣集团E地块 | 25.93% | 在建 |
| 5 | 市纪委、监察局新建配套附属用房 | 6.36% | 已建 |
| 6 | 河西儿童医院 | 3.82% | 已建 |
| 7 | 南京海峡城C地块 | 3.74% | 已建 |
| 8 | 南京海峡城E地块 | 5.16% | 已建 |
| 9 | 五矿住宅及社区中心 | 3.27% | 部分已建 |
| 10 | 五矿幼儿园 | 21.58% | 已建 |
| 11 | 青奥能源站 | — | 未建 |
| 12 | 南京外国语学校河西分校 | 10.34% | 已建 |
| 13 | 合计 | 3.81% | — |

海绵城市方面，新城南部及江心洲地区防洪排涝设施规划建设状况良好，新城南部及江心洲均规划设置4座雨水泵站，其中新城南部地2座雨水泵站已建设完成。随市政基础设施推进，雨污分流率为100%；根据需求适当开挖河湖沟渠、增加水域面积，主要水系基本可达到V类及以上水质要求，区域内无黑臭水体，总体水质状况良好（图4-15）。绿色雨水基础设施得到推广，市政道路人行道和已建成项目基本都铺设了透水铺装，部分项目如儿童医院，还大面积采用了下凹式绿地等技术。同时，城区新建了一批海绵城市重点项目，如天保街海绵城市示范路段、河西生态公园、河西展示中心雨水花园等。城市水资源系统运营评估指标表见表4-11。

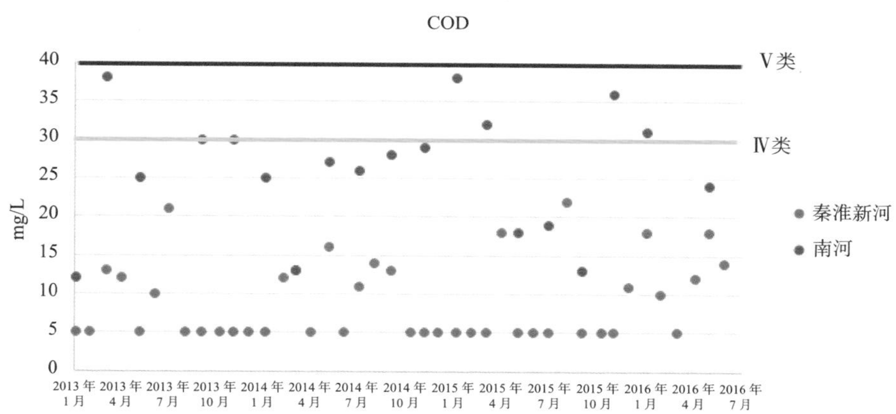


图 4-15 河西新城区主要水体水质图

城市水资源系统运营评估指标表 表 4-11

| 分项 | 指标 | 指标单位 | 实际指标值 | 规范限值 |
|---|---|---|---|---|
| 给水系统 | 城市供水管网覆盖率 | % | 100 | 100 |
| 污水再生系统 | 城市生活污水收集处理率 | % | 100 | 100 |
| | 再生水管网覆盖率 | % | 43.6 | 100 |
| 建筑节水 | 新建建筑节水器具普及率 | % | 100 | 100 |
| | 雨水利用率 | % | 已建成雨水回用系统的绿建示范项目为 5.14% | ≥ 3% |
| 海绵城市 | 雨水管网覆盖率 | % | 100 | 100 |
| | 年径流总量控制率 | % | 多个项目年径流总量控制率达 60% 以上，但区域年径流总量控制率暂时缺乏资料，难以确定 | ≥ 60 |
| | 城市水功能区水质达标率 | % | 主要水系水质达 V 类水质以以上 | 100 |
| | 城市黑臭水体个数 | 个 | 0 | 0 |

### 4.4.5 评估结论

（1）绿色建筑运营评估

河西新城 8 个绿色建筑运营评估项目的技术实施和运行情况总体良好。在河西新城整个绿色生态城区建设发展模式和规划理念的影响和推动下，大部分绿色建筑在设计阶段就融入了绿色、生态、低碳、环保的元素，绿色设计理念全面贯彻。各项目的综合能耗水平满足相应标准限值，公共建筑的实际运行能耗水平较低。8 个绿色建筑中应用的技术大多增量成本不高，但节能效益较好，技术效率高，技术手段合理，经济回报总体令人满意。绿色建筑项目使用者和住户对于室内环境舒适度的满意率达到九成，调研表明，随着整个河西新城多维度、多层次的全面推进和持续发展，其环境效益、社会效益均有显著提升，社会影响力、大众受益度稳步增强。

绿色建筑全寿命期管理中也有一些问题和不足：如运行标识项目较少，需专业化运营的技术设备使用现状不理想等。建议在下一步的绿色建筑开发和发展中加强绿色建筑项目的前期管理，完善全过程监管流程，严格落实已纳入控规和规划设计要点中的绿色生态内容；制定针对性的激励政策，激发市场主体设计、建造、使用绿色建筑的内生动力，推动绿色建筑运行标识申报工作，推动绿色产业发展；加强能耗分项计量系统的监管和维护，提高数据的全面性和可靠性；建立和推行适合不同功能建筑的绿色建筑适宜技术体系，指导绿色建筑的设计、实施和运营。

（2）建筑能源与城市绿色照明系统运营评估

河西新城区建筑能源与城市绿色照明系统规划先行，有力指导建设稳步推进，规划内容完善科学，有利于河西新城可持续发展，为河西新城绿色生态城区的运营提供了保障。河西新城建筑能源系统综合利用可再生能源，示范项目建筑的可再生能源系统的建设得到了落实。河西新城区域能源中心选址科学，系统设计合理，因地制宜利用当地资源，按照设计方案落实了系统的建设。河西新城绿色照明设计合理，路灯配套道路建设，严格按照指标体系与规划进行落实。河西新城区绿色生态城区已建的示范建筑项目、能源中心和城市照明系统已投入实际运行，运营情况良好，各示范建筑项目、能源中心和城市照明系统均有专业部门进行维护和管理，具有完善的管理规章制度。

由于河西新城区仍处于建设阶段，未全面运营，节能技术使用效果还不够明显，也存在一部分项目处于运行初期，系统运行尚未稳定。建议河西新城区加强建筑节能标准执行的前置监管，积极提升既有建筑节能水平，采用高效系统运行技术，加强可再生能源的推广利用。随着更多项目的竣工投入使用，可再生能源技术和建筑节能技术的节能效益和经济效益逐步凸显，加强对能耗数据的积累、分析和反馈。

（3）城市水资源系统运营评估

通过对给水系统、污水再生回用系统、建筑节水及海绵城市进行整体分析，河西新城城市水资源系统建设情况良好，基本按照城市水资源规划要求建设城市水资源系统。其中，给水系统满足城区使用需求，供水管网建设状况良好，地块管网漏损率得以计量；污水再生回用系统逐渐完善，污水处理工艺及规模足以满足城区需求；建筑节水措施得到广泛运用，区域重点示范项目均规划建设雨水回用系统。此外，河西新城大力开展海绵城市建设，防洪排涝设施建设状况良好，绿色雨水基础设施得到全面推广，区域海绵城市效益逐步显现，区域年径流总量控制率逐步提升，防范洪涝灾害能力逐步增加，且水系水质状况良好。

新城南部和江心洲地区城市水资源系统仍存在不足，区域管网漏损率难以计量，再生水系统尚未投入使用，雨水回用系统实际投入使用比例不高，以及海绵城市建设标准有待提高。建议在后期开发建设过程中，与相关部门沟通，积极推动增设自来水管网监测系统，采取多种措施降低市政管网漏损率；开展集中二次加压供水系统试点工程，尽快落实再生水用户，促使已建雨水回用系统能够按照设计要求正常运行；提高区域海绵城市建设标准，新建及改造地块更大力度推广绿色雨水基础设施运用，促使城区年径流总量控制率符合规划要求。

## 4.5 绿色生态城区验收评估得分

具体见表 4-12。

绿色生态城区验收评估得分表　　表 4–12

| 江苏省绿色生态城区验收评估——专家评分表（建筑节能和绿色建筑示范区） | | | | | | | | |
|---|---|---|---|---|---|---|---|---|
| 序号 | 年度 | 示范区名称 | 示范特色 | 验收得分（110 分） | 机制构建（35 分） | 专项规划（15 分） | 实施情况（50 分） | 特色亮点（10 分） |
| 1 | 2010 | 苏州工业园区中新生态科技城 | 2013 年起地块出让中明确绿建要求、省内首个区域供冷项目、污泥干化资源化利用 | 99.5 | 31 | 13 | 46.5 | 9 |
| 2 | 2010 | 昆山花桥国际金融服务外包区 | 2013 年起地块出让中明确绿建要求、综合管廊、地热能集中冷热源站建设 | 99 | 33.5 | 13.5 | 43 | 9 |
| 3 | 2010 | 泰州医药高新技术产业开发区 | 能源站、综合管廊、热电联产商业化运营、可再生能源建筑规模化应用 | 97.5 | 33 | 12 | 44.5 | 8 |
| 4 | 2010 | 无锡中瑞低碳生态城 | 综合管廊、太阳能光伏电站、垃圾气力收集管道、中水处理厂与管网 | 94.5 | 30.5 | 14.5 | 40.5 | 9 |

续表

| 江苏省绿色生态城区验收评估——专家评分表（建筑节能和绿色建筑示范区） | | | | | | | | |
|---|---|---|---|---|---|---|---|---|
| 序号 | 年度 | 示范区名称 | 示范特色 | 验收得分（110分） | 机制构建（35分） | 专项规划（15分） | 实施情况（50分） | 特色亮点（10分） |
| 5 | 2010 | 武进高新区低碳小镇 | 建筑垃圾资源化利用 | 94 | 32 | 14 | 41 | 7 |
| 6 | 2010 | 南京紫东国际创意园 | 建筑产业现代化（高性能 GRC 外墙材）、屋顶绿化 | 92.5 | 31.5 | 12 | 40 | 9 |
| 7 | 2010 | 淮安市生态新城 | 工业废热回收用于集中供暖、打造慢行交通体系 | 91 | 33 | 13 | 39 | 6 |
| 8 | 2011 | 镇江新区中心商贸区 | 海绵城市、建筑产业现代化项目和企业、可再生能源产业 | 95 | 32 | 12 | 44 | 7 |
| 9 | 2011 | 江阴市敔山湾新城 | 住宅全装修、高星级绿色建筑 | 94.5 | 31.5 | 12.5 | 41.5 | 9 |
| 10 | 2011 | 盐城市聚龙湖商务商贸区 | 市区联动机制、智慧城市试点、绿色建筑规模化效应、绿色施工示范、绿色交通、培育本地技术单位 | 93.5 | 32 | 12 | 41.5 | 8 |
| 11 | 2011 | 靖江市滨江新城 | 绿色建筑产业、住宅全装修 | 91 | 32 | 11 | 40 | 8 |
| 12 | 2011 | 苏通科技产业园一期 | 合同能源管理、低能耗建筑试点 | 90.5 | 33.5 | 12 | 39 | 6 |
| 13 | 2011 | 张家港经济开发区中丹科技生态城 | 绿色校园、市政中水供应、餐厨垃圾资源化利用 | 90 | 34 | 12.5 | 38.5 | 5 |
| 14 | 2011 | 宜兴经济开发区科创新城 | 三星级绿色建筑 | 90 | 32.5 | 12.5 | 39 | 6 |
| 15 | 2011 | 连云港市徐圩新区 | 海水源热泵试点、盐碱地生态修复 | 88.5 | 31.5 | 11 | 40 | 6 |
| 16 | 2011 | 溧阳经济开发区城北工业园 | 绿色施工、绿色照明 | 88 | 31.5 | 10.5 | 39 | 7 |
| 17 | 2011 | 宿迁市湖滨新城总部集聚区 | 绿建运行标识项目、生态城区与生态旅游 | 88 | 32.5 | 10 | 40.5 | 5 |
| 18 | 2011 | 南京新城科技园 | 一批绿色建筑项目，可再生能源利用 | 84.5 | 28.5 | 13.5 | 36.5 | 6 |

续表

| 江苏省绿色生态城区验收评估——专家评分表（建筑节能和绿色建筑示范区） | | | | | | | | |
|---|---|---|---|---|---|---|---|---|
| 序号 | 年度 | 示范区名称 | 示范特色 | 验收得分（110分） | 机制构建（35分） | 专项规划（15分） | 实施情况（50分） | 特色亮点（10分） |
| 19 | 2012 | 苏州工业园区 | 绿色建筑项目数量全省最多、高星级和运行标识项目，综合管廊、能源站、污泥干化 | 102.5 | 29 | 18.5 | 46 | 9 |
| 20 | 2012 | 江苏省常州建设高等职业技术学校 | 100%绿色建筑、能耗监管平台、绿色校园、可再生能源综合利用 | 102 | 30 | 19 | 46 | 7 |
| 21 | 2012 | 南京河西新城 | 规划引领、机制创新、一批绿色市政基础设施（综合管廊、有轨电车、海绵城市、能源站等）、开展运营评估 | 99.5 | 30 | 18.5 | 46 | 5 |
| 22 | 2012 | 昆山市开发区 | 绿色建筑规模化发展、形成了花桥、开发区两个绿色生态重点片区 | 96.5 | 27 | 18 | 44 | 7.5 |
| 23 | 2012 | 宜兴市 | 市政设施信息化管理平台、可再生能源综合利用、村庄环境整治 | 96 | 28 | 15 | 45 | 8 |
| 24 | 2012 | 无锡新区 | 区域冷热源能源站、住宅全装修、绿色生态区域立法 | 95 | 28.5 | 17.5 | 41 | 8 |
| 25 | 2012 | 扬州广陵区 | 民生绿色建筑、能耗监管平台、生态水景公园 | 91.5 | 27.5 | 15.5 | 42.5 | 6 |
| 26 | 2012 | 徐州市沛县 | 生态湿地、地源热泵利用 | 85 | 26.5 | 14.5 | 38 | 6 |
| 27 | 2012 | 徐州市新城区 | 生态公园等 | 85 | 26 | 17 | 37 | 5 |
| 28 | 2012 | 大丰港经济区 | 土壤生态修复、风能利用 | 85 | 29 | 17 | 34 | 5 |
| 29 | 2012 | 阜宁县城南新区一期 | 灾后重建绿色农房、采沙场生态修复 | 89 | 25 | 20 | 39 | 5 |
| 30 | 2013 | 连云港市经济技术开发区海连·创智街区 | 可再生能源规模化应用、区域能源站建设、海绵城市试点 | 90.5 | 36 | 14 | 34 | 6.5 |

续表

| 江苏省绿色生态城区验收评估——专家评分表（建筑节能和绿色建筑示范区） | | | | | | | | |
|---|---|---|---|---|---|---|---|---|
| 序号 | 年度 | 示范区名称 | 示范特色 | 验收得分（110分） | 机制构建（35分） | 专项规划（15分） | 实施情况（50分） | 特色亮点（10分） |
| 31 | 2013 | 宿迁市古黄河绿色生态示范区 | 绿色建材应用、海绵城市试点、绿色施工和水生态环境治理 | 89 | 33 | 14.5 | 33.5 | 8 |
| 32 | 2013 | 淮安市生态新城（提档升级） | 绿色生态专项规划与控规结合、绿色建筑运营评估、区域能源站建设、海绵城市建设 | 93 | 33 | 18 | 35 | 7 |

# 5



## 江苏省绿色生态城区梳理总结

## 5.1 成果梳理

2010~2015 年，省级财政累计安排专项引导资金 9.7 亿元，用于支持各类绿色生态城区共计 58 个，其中建筑节能和绿色建筑示范区 37 个，绿色建筑和生态城区区域集成示范区 5 个，绿色建筑示范城市（区、县）16 个，区域规划面积合计达 25456km$^2$，其中核心区规划面积 2718km$^2$，实现 13 个设区市全覆盖并向县级市拓展。

5.1.1 坚持目标导向，着力推进绿色生态城区建设开花结果

省级层面逐步建立了涵盖“紧凑布局统筹发展、节约建造绿色生态、资源循环运营高效、保护环境和谐宜居、科学决策规范管理”的规划建设指标体系，从城市空间布局、土地利用、城市资源（能源、水、固废等）系统、绿色交通、绿色建筑、智慧运营等多角度推进绿色生态城区创建工作。对比国家《绿色生态城区评价标准》（GB/T 51255—2017）可以看出，江苏省绿色生态城区在城市地下空间高效利用、绿色建筑全面发展、能源资源的高效利用、绿色交通规划建设等方面亮点突出、成效显著，相对来说在生态环境优化、信息化管理和人文特色彰显等几方面工作开展较少。

截至 2015 年底，全省 58 个绿色生态城区累计开工建设绿色建筑面积约 1 亿 m$^2$。全省绿色生态城区行政区范围内共计 600 个项目获得绿色建筑评价标识，总建筑面积约 5881.4 万 m$^2$，占全省绿色建筑总量的 52%；打造住宅全装修项目 108 个，共计 1392.3 万 m$^2$；建成预制装配式建筑 46.8 万 m$^2$；实施地下空间总面积 1468.3 万 m$^2$；实施综合管廊近 42.4km；实施省级文明建筑工地 1008 个。建设各类区域能源站 34 个，服务建筑面积 1154 万 m$^2$；建设分布式能源站 4 个，服务建筑面积 97.3 万 m$^2$；建设集中供热系统 14 个，供热面积 1234 万 m$^2$；建设可再生能源建筑应用面积约 8029 万 m$^2$；应用节能灯具 45.6 万多盏，其中可再生能源路灯约 1.2 万盏、实施合同能源管理的路灯近 5.3 万盏；建设自来水管网智能化监控系统 145 个；建设再生水系统，年回用 2.5 亿 t（含工业用水），服务区域面积近 263.9km$^2$；建设城市生态湿地 76 个，占地面积约 1775.5 万 m$^2$；建设公共自行车租赁点 5737 个，投入公共自行车近 15 万辆；规划建设垃圾焚烧发电项目 31 个，日处理规模近 4 万 t；规划建设餐厨废弃物资源化综合处理中心 16 个，日处理能力 3328.2t；建筑垃圾年回收利用总量约 1230 万 t。

经测算，通过绿色生态城区创建，全省年节约标准煤约 168.3 万 t，减少

$CO_2$ 排放 442.7 万 t，年带动社会相关产业增加投资 1400 亿元，省级引导资金的杠杆效应充分彰显。

5.1.2 坚持示范带动，着力放大绿色生态城区辐射效应

六年来，省级绿色生态城区示范创建工作由点及面、量质齐开，示范引领，辐射带动效应已覆盖 13 个设区市。

逐步形成全区域推广的可复制、可落地的绿色生态发展模式。绿色建筑方面，从单体项目推广到一星级绿色建筑强制实施；可再生能源方面，从建筑应用，到区域能源系统（能源站）建设；空间复合利用方面，从建筑地下空间开发，到地下空间连片集中建设；绿色交通方面，从公共自行车局部试点，到站点 300m 范围全覆盖；水资源方面，从再生水单个项目利用，到铺设再生水管网区域使用；固体废弃物方面，从生活垃圾分类收集处理，到生活垃圾、餐厨垃圾、建筑垃圾回收再利用。六年间，省级绿色生态城区内新增绿色建筑项目总面积约占全省的 52%，综合管廊总长度约占全省 66%，区域能源站、再生水利用工程、公共自行车等项目均率先推广，海绵城市、建筑产业现代化等也加快推进，绿色生态城区引领辐射效应日益明显，带动全省相关工作一直走在全国前列。

5.1.3 坚持远近结合，着力形成绿色生态城区长效保障机制

经过六年的探索实践，逐步形成了涵盖政策体系、组织体系、技术体系、资金保障等方面的绿色生态城区长效发展保障机制。在政策体系方面，明确了推进绿色生态城区建设的强制要求，全面推进绿色建筑和节约型城乡建设工作落地实施；在组织体系方面，形成了以市、县政府（或管委会）牵头，发改、国土、规划、住建、交通、城管、环保等部门协调联动的工作机制；在技术体系方面，构建了城市空间布局、能源系统、水资源系统、绿色交通系统、固体废弃物系统、绿色建筑系统等绿色生态规划建设技术体系和落地实施措施；在资金保障方面，以省级专项资金为先导，地方配套资金为保障，吸引社会资金投入绿色生态建设，引导政府有形之手、市场无形之手同向发力。

## 5.2 经验总结

从全省绿色生态城区实地调研情况来看，这些城区作为先行先试的实践案例，在已有绿色生态相关政策和规划引导下，开展了建设实践探索，基本满足用地规模合理、建设周期适宜、绿色技术集中集聚等要求，并取得阶段性成效。

从空间分布上看，苏南地区建成的绿色生态城区较多，这些地区良好的经济条件和政策环境为绿色生态城区的发展提供了优良土壤。这也充分说明绿色、生态已成为经济发达地区的战略发展方向。同时也要看到，苏中、苏北等一些经济欠发达地区也已逐渐认识到自觉践行绿色发展理念的重要性，并将生态和环境优势作为城市发展的核心推动力，积极推进绿色生态城区建设。

从开发模式上看，绿色生态城区建设主要采用政府主导、市场推动、社会参与的模式。在试点示范阶段，以政府为主建立工作机制、确定实施方案、推进工作落实的模式发挥了积极作用。政府的有效引导也带动了民间投资和社会参与，为绿色生态城区建设注入了强大动力。但不可否认的是，存在一些以“生态城”名义实施、由企业主导的新城开发，并未全面落实生态理念和技术措施。

从实践效果上看，江苏各地通过积极开展绿色生态城区和绿色建筑规模化建设实践，形成了一大批绿色示范工程，也获得了诸多国家级、省级荣誉。如无锡太湖新城、南京河西新城获批为国家级绿色生态城区，泰州医药城区域能源站项目荣获国家级人居环境范例奖，苏州工业园区、昆山国际金融服务外包区、泰州医药高新技术开发区、江阴市敔山湾、盐城城南新区、镇江新区共 6 个项目荣获江苏省人居环境范例奖。

从实施过程来看，形成了一些值得总结的经验：

5.2.1　加强顶层设计是前提

各地绿色生态城区在创建初期明确目标定位，加强顶层设计，根据生态城区的空间规模、地域特征、历史人文等因素，制定区域绿色生态发展目标和主要示范技术路径，明晰适宜的绿色生态技术体系，并相应制定实施方案。以生态学原理为依据，以地区能源资源条件为基础，坚持问题导向系统性编制能源利用、水资源综合利用、绿色交通、固废综合利用、绿色建筑等绿色生态系列专项规划，并通过总结经验成果形成了《绿色生态专项规划技术导则》。以专项规划为基础，明确绿色生态开发建设时序，积极探索将绿色生态理念纳入城市控制性详细规划技术路线，提高绿色生态规划的可操作性和时效性。从“点状”层面，将城市绿色基础设施和绿色建筑具体要求纳入地块之中；从“面状”层面，将绿色生态发展其他要求（如交通、水资源等），纳入区域建设工作中。如南京河西生态新城系统开展了 10 多项绿色生态专项规划编制，建立了“绿色生态图则”的导控方法，将绿色生态要求纳入到法定规划的程序中，成为城市规划管理的有效手段。

5.2.2 强化机制建设是保障

目前省级绿色生态城区规划建设的主导者依然是各级政府部门，领导重视是各项工作顺利开展的重要保障，特别是市、县党政负责同志，高度重视绿色生态发展的地区，各项绿色生态建设工作都能得到有力有效推进。同时，通过对绿色生态城区建设三年目标任务的分解，将各项指标、具体工作落实到各相关职能部门，将绿色生态工作纳入年度工作任务考核中，形成可持续的绿色生态工作推进机制。研究将强制性、引导性、鼓励性政策紧密结合，进一步健全完善绿色生态政策体系。如率先制定全面推进绿色建筑的强制性保障政策，逐步建立绿色建筑全过程监管体系，全面保障绿色建筑落地；按照节约型城乡建设理念，因地制宜开展城市绿色基础设施建设工作；鼓励房地产开发企业按照绿色生态理念规划建设居住区等。

5.2.3 绿色生态技术落地是关键

六年间，各项绿色生态技术在绿色生态城区中得到广泛应用，各地通过不断完善绿色、生态技术体系、标准，推进绿色建筑、节约型城乡建设项目落地，建成了一批“绿色惠民工程”。在试点示范过程中，绿色建筑、可再生能源建筑应用、地下综合管廊、海绵城市等绿色生态技术逐步得到社会广泛认可，形成了《江苏省绿色建筑发展条例》、《江苏省绿色建筑设计标准》（DGJ32/J 173—2014）等一批强制推进绿色建筑、可再生能源强制应用的法律法规和技术标准。

5.2.4 坚持特色发展是亮点

着力强调绿色生态技术措施落地能够让政府看到生态环境的改善、经济和社会效益的提升，让百姓能够体会到生活更加舒适、便捷、实惠，从而提升公众获得感和满意度。各绿色生态城区基于自身优势特色，开展了多种路径、特色鲜明绿色生态建设实践。如泰州医药城针对区域能源供应问题，开展的以区域能源站建设为抓手的绿色生态建设实践，在清洁能源和能源梯级利用方面做出有益探索；盐城、常州推进 BRT 绿色交通系统等建设方面成效显著，苏州高新区实现有轨电车线网全覆盖；徐州、连云港开展城市生态修复，提升城市环境品质等工作。随着绿色生态城区建设工作的深入推进，绿色生态建设实践活动的重点正在逐渐转向海绵城市、综合管廊、建筑产业现代化等方向，在国家和省级政策双重支持的战略契机下，这些工作已经逐渐成为推进特色发展的新要素。

## 5.3 延伸思考

江苏省绿色生态城区示范推进六年来，绿色建筑、节约型城乡建设成果遍地开花，示范效应明显。但因各地建设规模、推进机制等方面存在差异，不同绿色生态城区的规划建设成效也有一定差距，从中反映出的一些问题值得我们深入思考。

一方面，从建设规模来看。全省绿色生态城区大小差异明显，在区域集成示范性上各有特点。从《江苏省“建筑节能和绿色建筑示范区”后评估体系研究》课题研究成果中可以看出：（1）规模在 1~5$km^2$ 的绿色生态城区，如南京紫东创意园、苏州吴中太湖新城、常州东京 120 等，绿色建筑集聚示范效应明显，绿色建筑技术示范集成度高，但由于区域规模小，节约型城乡建设相关工作落地的适宜性和经济性程度不高；（2）规模在 5~30$km^2$ 的绿色生态城区，如南京河西、昆山花桥、镇江新区、泰州医药城等，区域内政策保障、推进机制完善，能够因地制宜地开展各项绿色建筑和节约型城乡建设工作，能源站、再生水等区域性绿色生态基础设施建设经济性高，技术集聚示范效应明显，示范综合成功度较高；（3）规模在 30$km^2$ 以上的绿色生态城区（包括绿色建筑示范城市（县、区）），如苏州工业园区、无锡市、盐城市等，示范推进机制完善，各类绿色建筑、节约型城乡建设技术全面落地，规模效应显著，但集聚效应偏弱，绿色生态项目较为分散，集中示范、宣传展示作用不易体现。

另一方面，从推进机制来看。全省绿色生态城区均由市（县）人民政府、建设局，或独立设置的开发区管委会三种类型负责实施，制定涵盖顶层设计、政策标准、技术体系、运营管理等多方面的推进机制。就各地实施成效而言，由市县建设局主导的绿色生态城区在绿色建筑单体项目推进上成效显著，但由于管理职能的原因，在城区绿色生态发展推进，包括绿色生态基础设施、生态环境、绿色交通等方面，推进力度略有不足，实施进度难以保障；由市（县）人民政府或独立设置的开发区管委会主导的绿色生态城区，能够制定城市绿色生态发展的顶层方案，统筹协调、系统推进绿色生态城区能源、水资源、交通、固废等各方面的规划建设工作，通过年度目标分解、部门责任分工、年度绩效考评等工作措施，保障绿色生态城区的推进实施进度。

总体而言，江苏省绿色生态城区建设目前仍处在初期阶段，各级政府通过自上而下的方式，在新城建设中实践绿色生态理念，强调全面推进绿色建筑、节约型城乡建设各项工作，规划建设内容难免相近，有时缺乏对相关技术适用性的分析研究。从实施成效好的生态城区如常州武进区、南京河西新城、苏州工业园区等地来看，这类区域大多管理机构独立且健全，主管部门领导高度重视绿色生态建设工作，推动绿色生态发展的政策保障体系完善、落地措施可行；注重规划先行，系统编制绿色生态系列专项规划，并与控规有效结合；在推进绿色建筑和节约型城乡建设项目实践过程中积极主动，坚持因地制宜、问题导向的原则，组建高水平的绿色生态工作团队，以政府主导、市场响应、公众参与等方式，创新实践绿色生态技术措施，打造地区示范特色；同时注重绿色生态宣传展示，强化老百姓对于绿色生态的感知可体验。

## 5.4 未来展望

吴良镛先生在《广义建筑学》中曾经提出“对城镇住区来说，应将规划建设、新建筑设计、历史环境保护、一般建筑维修与改建、古旧建筑合理地重新使用、城市和地区的整治、更新与重建等，纳入一个动态的、生生不息的循环体系之中。”未来城市发展，绿色、生态理念将占据重要位置，如何在已有良好的基础上，持续推进江苏城市绿色发展、生态建设是摆在我们面前的一个重要课题。

### 5.4.1 绿色生态城区发展需“广义化”

江苏省绿色生态城区发展经历了绿色建筑从推广到法制保障，节约型城乡建设从试点到全面推进的“深度绿色化”发展，建成了一批绿色生态示范工程，形成了良好的人居生活环境，取得了显著的社会效益和生态效益。同时也要看到，江苏省绿色生态城区规划建设是以城市新建区为前提，对于老城区的更新改造尚未涉及。城市“广义绿色化”发展需要从内涵上拓展，城市规划也需要逐步向社会、经济、资源、环境的多维度、多层次和多学科的系统综合方向发展。

下一阶段绿色生态城区的发展应从理念上引导，统筹协调建筑、交通、能源、水资源、固体废弃物等城市子系统，从建筑、市政研究领域拓展到整个城市建设领域。一方面，以老旧城区绿色有机更新、环境整治提升，旧建筑的绿色化改造，生物多样性保护、历史文化传承保护等措施提升“城市内涵”；另一方面，以建筑产业现代化、海绵城市、综合管廊建设等新技术应用，拓展“城市外延”。两方面协同发展，推动绿色生态城区“广义化”。

### 5.4.2 绿色生态城区发展需“市场化”

在城市转型发展的背景下，绿色、生态、智慧等各种新兴理念相互交流激荡，新的城市发展需求正在产生，新的人居生活习惯也在养成，新的城市发展内生动力也在萌发。江苏省通过省级专项引导资金，以各级地方政府为实施主体，推动绿色建筑、节约型城乡建设和生态城区试点先行，打造了一批可持续发展的绿色生态城市小型样板。从长期来看，绿色生态城市想要不完全依赖政府推动实现可持续的发展，需要从两方面瞄准发力：

一是要建立绿色生态城区规划建设、能耗限额、海绵城市建设等绿色生态发展系列规范标准，强制推进绿色生态建设工作；二是充分挖掘城市绿色生态转型发展的内生动力，建立以政府引导、市场化推进的绿色生态城市发展模式。特别是要转变城市发展方式，提高城市规划设计“绿色化”水平，加强产城融合，促进产业集聚，加快产业转型升级发展；推进城市绿色生态基础设施（如能源站）PPP 模式建设、运营管理和合同能源管理模式，加强绿色生态城区市场化运作；创新绿色生态消费理念，提倡绿色生态生活方式。打造能源资源消耗小，城市运行效率高，生态环境经济效益好的三大绿色生态城区核心竞争力。

5.4.3　绿色生态城区发展需“人性化”

人是城市发展的根本，绿色生态城区建设是为了更好地满足人们对于生活、环境品质的更高追求。要将绿色生态发展作为保障和改善民生的重要内容，集中力量解决人民群众生存环境中热舒适性差、水环境差、空气污染、固体废弃物污染、交通拥堵等突出问题。绿色生态城市规划、建设、管理各层面，要以人的生产、生活习惯为研究出发点，而不是以传统的公式计算、模拟分析等手段机械化分析现代人类的习惯，实现从以物为本向以人为本的转变。

在规划建设中，要将创造绿色生态、宜居宜业的环境作为出发点。提升城市规划的“绿色生态”水平，统筹协调城市发展与土地、水体、动植物等生态环境间的关系，降低城市发展过程中造成的环境问题；提升城市人居生活环境品质，加强职住平衡优化城市空间布局，推广装配式建筑改进城市建造方式，发展绿色交通提升大众出行便捷性等；提升现代绿色人居生活体验，完善居住建筑设计标准，全面实行住宅全装修，引入建筑健康标准保障室内空间品质，提升居家生活的智能化水平。同时坚持政府统一领导，注重上下联动与条块结合，强化部门协作配合，加强公众参与，打造以人的全面发展为核心的绿色生态城市。

5.4.4　绿色生态城区发展需“标准化”

观察可以发现，各绿色生态城区在绿色建筑、节约型城乡建设等各方面的建设成效存在不小差距。究其原因，一方面对各地政府的重视程度不一，另一方面，是由于有关绿色生态城区规划建设的标准体系不完善，新技术新产品落地缺乏相应的导则指引，各项工作缺乏跟踪监测、考核评价手段，以及后评估管理机制不健全等。如，由于规划技术标准体系中缺乏绿色生态相关内容，各地对于绿色生态专项规划落地要求不一，对于规划项目的落地缺乏相应技术导则，缺少建筑能耗限额等资源环境约束性标准、考核评价和后评估机制等。

标准体系是绿色生态城区建设的重要技术基础，通过标准规范引导，可以明确城区绿色生态规划建设的目标和方向，选取适当的技术方案，指导具体的开发建设，从而助推城市向绿色生态发展模式转变。"标准化"在推进绿色生态城区发展方面起着重要作用，一是可以明确绿色生态发展目标、指标体系、技术导则；二是可以加快技术创新，使技术应用更加标准化、规范化；三是可以强化监管和考核评价，推动建立后评估管理机制。通过构建标准化政策和技术体系，引导各地绿色生态城区在规划、建设、管理的各个环节实现发展目标的统一和各项配套技术措施的协同推进，能够切实提升绿色生态城区精细化建设水平。

# 附录 A 江苏省绿色生态城区项目汇总

江苏省绿色生态城区项目汇总表 表 A-1

| 时间 | 序号 | 类型 | 项目名称 | 实施单位 |
|---|---|---|---|---|
| 2010 | 1 | 建筑节能和绿色建筑示范区 | 南京紫东国际创意园 | 南京紫东国际创意园管理委员会 |
| | 2 | | 苏州工业园区中新生态科技城 | 苏州工业园区管委会 |
| | 3 | | 昆山花桥国际金融服务外包区 | 昆山花桥经济开发区管理委员会 |
| | 4 | | 无锡中瑞低碳生态城 | 无锡太湖城管理委员会 |
| | 5 | | 武进高新区低碳小镇 | 江苏省武进高新技术产业开发区管委会 |
| | 6 | | 泰州医药高新技术产业开发区 | 泰州医药高新技术产业开发区管委会 |
| | 7 | | 淮安市生态新城 | 淮安生态新城管理委员会 |
| 2011 | 1 | 建筑节能和绿色建筑示范区 | 南京新城科技园 | 新城科技园管委会 |
| | 2 | | 张家港经济开发区中丹科技生态城 | 江苏张家港经济开发区管理委员会 |
| | 3 | | 江苏宜兴经济开发区科创新城 | 江苏宜兴经济开发区管理委员会 |
| | 4 | | 江阴市敔山湾新城 | 江阴市建设局 |
| | 5 | | 溧阳经济开发区城北工业园 | 江苏省溧阳经济开发区管理委员会 |
| | 6 | | 镇江新区中心商贸区 | 镇江新区管委会 |
| | 7 | | 苏通科技产业园一期 | 苏通科技产业园综合管理办公室 |
| | 8 | | 靖江市滨江新城 | 靖江市滨江新城投资开发有限公司 |
| | 9 | | 盐城市聚龙湖商务商贸区 | 盐城市城南新区开发建设指挥部 |
| | 10 | | 宿迁市湖滨新城总部集聚区 | 宿迁市湖滨新城管理委员会 |
| | 11 | | 连云港市徐圩新区 | 连云港徐圩新区管理委员会 |
| 2012 | 1 | 建筑节能和绿色建筑示范区 | 南京河西新城建筑节能和绿色建筑示范区 | 南京河西新城区开发建设指挥部 |
| | 2 | | 苏州工业园区建筑节能和绿色建筑示范区 | 苏州工业园区规划建设局 |
| | 3 | | 昆山开发区建筑节能和绿色建筑示范区 | 昆山市住房和城乡建设局 |
| | 4 | | 无锡新区建筑节能和绿色建筑示范区 | 无锡市人民政府新区管理委员会规划建设环保局 |
| | 5 | | 宜兴市建筑节能和绿色建筑示范区 | 宜兴市建设局 |

续表

| 时间 | 序号 | 类型 | 项目名称 | 实施单位 |
|---|---|---|---|---|
| 2012 | 6 | 建筑节能和绿色建筑示范区 | 镇江市润州区建筑节能和绿色建筑示范区 | 镇江市润州区人民政府 |
| | 7 | | 如东县建筑节能和绿色建筑示范区 | 如东县住房和城乡建设局 |
| | 8 | | 扬州广陵区建筑节能和绿色建筑示范区 | 扬州市广陵区城乡建设局 |
| | 9 | | 徐州市新城区建筑节能和绿色建筑示范区 | 徐州市建设局<br>徐州新城区管委会 |
| | 10 | | 徐州市沛县建筑节能和绿色建筑示范区 | 沛县住房和城乡建设局 |
| | 11 | | 淮安工业园区建筑节能和绿色建筑示范区 | 江苏淮安工业园区建设房管局 |
| | 12 | | 大丰港经济区建筑节能和绿色建筑示范区 | 大丰港住房和城乡建设局 |
| | 13 | | 阜宁县城南新区一期建筑节能和绿色建筑示范区 | 阜宁县住房和城乡建设局 |
| | 14 | | 江苏省常州建设高等职业技术学校建筑节能和绿色建筑示范校区 | 江苏省常州建设高等职业技术学校 |
| 2013 | 1 | 绿色建筑示范城市（县、区） | 盐城市省级绿色建筑示范城市 | 盐城市城乡建设局 |
| | 2 | | 常州市武进区绿色建筑示范区 | 武进区住建局、武进区绿管委 |
| | 3 | | 宜兴市绿色建筑示范城市 | 宜兴市建设局 |
| | 4 | | 太仓市绿色建筑示范城市 | 太仓市住房和城乡建设局 |
| | 5 | 绿色建筑和生态城区区域集成示范 | 泰州医药高新技术产业开发区绿色建筑与生态城区区域集成示范 | 泰州医药高新技术产业开发区管委会 |
| | 6 | | 昆山花桥国际金融服务外包区 | 昆山家桥经济开发区管委会 |
| | 7 | | 淮安生态新城 | 淮安生态新城管理委员会 |
| | 8 | 建筑节能和绿色建筑示范区 | 苏州吴中太湖新城绿色节能示范区 | 苏州太湖新城吴中管委会<br>苏州吴中国太发展有限公司 |
| | 9 | | 常州市东经120创意生态街区 | 常州市城乡建设局 |
| | 10 | | 连云港市经济技术开发区海连·创智街区 | 连云港市经济技术开发区建设局 |
| | 11 | | 扬州经济开发区临港新城 | 扬州经济开发区 |
| | 12 | | 宿迁市古黄河绿色生态示范区 | 宿迁市古黄河绿色生态示范区建设指挥部 |

续表

| 时间 | 序号 | 类型 | 项目名称 | 实施单位 |
| --- | --- | --- | --- | --- |
| 2014 | 1 | 绿色建筑示范城市（县、区） | 无锡市绿色建筑示范城市 | 无锡市建设局 |
| | 2 | | 镇江市绿色建筑示范城市 | 镇江市住房和城乡建设局 |
| | 3 | | 苏州高新区绿色建筑示范区 | 苏州高新区建设局 |
| | 4 | | 张家港市绿色建筑示范城市（县） | 张家港市住房和城乡建设局 |
| | 5 | | 常州新北区绿色建筑示范区 | 常州市新北区城市管理与建设局 |
| | 6 | | 南通市通州区绿色建筑示范区 | 南通市通州区住房和城乡建设局 |
| | 7 | | 盱眙县绿色建筑示范县 | 盱眙县住房和城乡建设局 |
| | 8 | | 泰兴市绿色建筑示范城市（县） | 泰兴市住房和城乡建设局 |
| | 9 | 绿色建筑和生态城区区域集成示范 | 盐城市聚龙湖核心区 | 盐城市城南新区管委会 |
| | 10 | | 连云港市连云新城商务中心区 | 连云港市连云新城开发建设指挥部 |
| 2015 | 1 | 绿色建筑示范城市（县、区） | 常熟市绿色建筑示范城市（县） | 常熟市住房和城乡建设局 |
| | 2 | | 连云港市海州区绿色建筑示范区 | 连云港市海州区住房和城乡建设局 |
| | 3 | | 阜宁县绿色建筑示范县 | 阜宁县住房和城乡建设局 |
| | 4 | | 沭阳县绿色建筑示范县 | 沭阳县住房和城乡建设局 |

# 附录 B　江苏省绿色生态城区节能减碳计算说明

## 1. 能源利用减排二氧化碳量计算说明

（1）可再生能源系统节能量计算说明

1）太阳能光热系统节能量计算说明：根据江苏省日照、热水器效率、管路损失等实际情况，服务每万平方米建筑面积每年可节约标准煤 12.43t。

2）太阳能光伏发电系统节能量计算说明：按每兆瓦太阳能光伏发电系统装机容量每年发电约 87.60 万 kWh 计算，每兆瓦太阳能光伏发电系统每年可节约标准煤 302.2t。

3）热泵系统（包括以地源、浅层水源、污水源、海水源等可再生能源为冷热源的系统）节能量计算说明：按服务每平方米建筑面积每年节约 15kWh 电计算，每万平方米建筑面积每年可节约标准煤 51.75t。

（2）可再生能源系统节能量计算过程

按服务面积计算　　表 B–1

| 序号 | 可再生能源系统 | 服务面积（万 $m^2$） | 每万 $m^2$ 建筑面积节约标准煤量（t 标准煤 / 万 $m^2$） | 节能量（万 t 标准煤） |
|---|---|---|---|---|
| 1 | 太阳能光热 | 5324 | 12.43 | 6.62 |
| 2 | 地源热泵 | 1067 | 51.75 | 5.52 |
| 3 | 浅层水源热泵 | 501 | 51.75 | 2.59 |
| 4 | 污水源热泵 | 50 | 51.75 | 0.26 |
| 5 | 海水源热泵 | 106 | 51.75 | 0.55 |
| 合计 | | 7048 | | 15.54 |

按装机容量计算　　表 B–2

| 序号 | 可再生能源系统 | 装机容量（MW） | 每兆瓦装机容量节约标准煤量（万 kWh/MW） | 节能量（万 t 标准煤） |
|---|---|---|---|---|
| 1 | 太阳能光电 | 105.9 | 87.60 | 3.20 |
| 合计 | | 105.9 | | 3.20 |

将上述两表中的数据相加，即可得知可再生能源系统节能量为 18.74 万 t 标准煤。

## 2. 水资源综合利用减排二氧化碳量计算说明

基本公式：

通过对水资源从取水、自来水生产、输配到进入管网被使用、污水管网收集、污水处理、再排入水体这样一个水的社会循环过程的追踪和计算，探寻节水减排和降低二氧化碳排放量的关系，具有较大的社会和环境意义。

节水减排与二氧化碳排放量计算公式归纳见式（B-1）。

$$R_C = \left[\left(\frac{W_1}{Q_{11}} + \frac{T_1}{Q_{12}}\right) + \left(\frac{W_2}{Q_{21}} + \frac{T_2}{Q_{22}}\right)\right] \times D + C_2 \quad \text{(B-1)}$$

式中：$R_C$——处理每吨水排出的二氧化碳量（$kg/m^3$）；

$W_1$——自来水厂日均耗电量（kWh/d）；

$W_2$——污水处理厂日均耗电量（kWh/d）；

$Q_{11}$——自来水厂日均处理水量（$m^3/d$）；

$Q_{12}$——给水管网日均提升量（$m^3/d$）；

$Q_{21}$——污水厂日均处理水量（$m^3/d$）；

$Q_{22}$——污水管网日均提升量（$m^3/d$）；

$T_1$——给水管网二次加压泵站日均耗电量（kWh/d）；

$T_2$——污水管网提升泵站日均耗电量（kWh/d）；

$D$——每千瓦时电量的二氧化碳换算量（0.95kg/kWh）；

$C_2$——污水厂处理工艺过程碳源直接转化的二氧化碳量（$kg/m^3$）。

江苏省绿色生态城区在水资源综合利用方面（含工业用再生水），“十二五”期间年减排二氧化碳量 26.6 万 t。

**3. 绿色交通减排二氧化碳量计算说明**

国际通用的碳排放计算模型是卡亚恒等式（Kaya Identity），即在等式的一侧将主要排放驱动力分为乘法因子，而另一侧对应于 $CO_2$ 排放量，见式（B-2）

$$CO_2\text{排放量} = \text{人口} \times \frac{GDP}{\text{人口}} \times \frac{\text{能源}}{GDP} \times \frac{CO_2}{\text{能源}} \quad \text{(B-2)}$$

在交通领域，交通工具通过消耗燃料排放 $CO_2$，IPCC(Intergovernmental Panel on Climate Change) 指南提供了 2 种计算交通能源消耗碳排放的计算方法：①根据国家区域范围内交通燃料销售数据乘以燃料碳排放系数计算得到，称为“自上而下”的方法；②根据各种交通方式行车里程乘以每公里燃料消费量得到燃料消费总量，然后乘以燃料碳排放系数计算得到碳排放量，称为

“自下而上”的方法。由于无法获得确切的交通消耗燃料的销售数据，因此采用“自下而上”的方法得出各种交通方式 $CO_2$ 排放量计算公式，即绿色交通发展目标基础上的碳排放计算模型见式（B-3）

$$F=G\times A$$
$$A=B\times C\times D\times E \tag{B-3}$$

式中：$F$——$CO_2$ 年排放量（kg）；

$A$——年燃料消耗（TJ）；

$G$——排放系数（kg/TJ）；

$B$——年行驶里程（km）；

$C$——平均每百公里油耗量（L）；

$D$——燃油密度（kg/L）；

$E$——燃料净热值（TJ/kg）。

基于数据资料有限，本次计算碳排放时，主要考虑公交车、轨道交通，小汽车暂不做计算。

IPCC 指南（2006 版）提供的汽油排放系数为 69300kg/TJ( 以 $CO_2$ 计 )，柴油排放系数为 74100kg/TJ( 以 $CO_2$ 计 )；汽油的净热值为 44.3TJ/Gg，合 $44.3\times10^{-6}$TJ/kg，柴油的净热值为 43TJ/Gg，合 $43\times10^{-6}$TJ/kg。原煤的排放系数为 94600kg/TJ( 以 $CO_2$ 计 )，净热值为 25.8 TJ/Gg，合 $25.8\times10^{-6}$TJ/kg。

简化碳排放计算模型，得到不同交通工具每公里 $CO_2$ 排放量及不确定性范围值，见表 B-3，在此基础上乘以不同交通工具的年行驶里程就可以计算得出总碳排放量（$TP_1$）。

**不同交通工具每公里 $CO_2$ 排放量及不确定性范围值　　　表 B–3**

| 交通工具 | 每公里 $CO_2$ 排放量（kg） | 上限（kg） | 下限（kg） |
|---|---|---|---|
| 公交车 | 1.0642 | 1.1174 | 1.011 |
| 地铁 | 2.1966 | — | — |
| 小汽车 | 0.1959 | — | — |
| 有轨电车 | 1.2203 | — | — |

随着新能源的投入使用，交通能源消耗降低，碳排放也随着降低，见表 B-4。

**新能源交通工具每百公里碳排放** **表 B–4**

| 交通工具 | 每公里 $CO_2$ 排放量（kg） |
|---|---|
| 公交车 | 0.8514 |
| 小汽车 | 0.1567 |

在新增新能源背景下，采用环保的交通工具利用碳排放模型，计算得出碳排放量（$TP_2$）。

智能交通运输系统得到有效应用后可使交通运输效益显著提高，若示范区内实施交通信号控制，公交站台智能化改造率达 100%，预测碳排放可在绿色交通系统规划、设计管理、新能源背景基础上（$TP_2$）进一步下降约 2.5%，计算得出碳排放量（$TP_3$）。

$$TJ = TP_1 - TP_3 \tag{B-4}$$

式中：$TJ$——使用新能源交通工具和智能交通运输管理系统情况下比未使用情况下减少的交通 $CO_2$ 年排放量（kg）；

$TP_1$——未使用新能源交通工具和智能交通系统情况下交通 $CO_2$ 年排放量（kg）；

$TP_2$——使用新能源交通工具情况下交通 $CO_2$ 年排放量（未使用智能交通系统）（kg）；

$TP_3$——使用新能源交通工具并采用智能交通运输管理系统的情况下交通 $CO_2$ 年排放量（kg）。

江苏省绿色生态城区在绿色交通方面，“十二五”期间年减排二氧化碳量 5.94 万 t。